白皮松花

油　松

油松古松

侧　柏

千头柏（侧柏的变种）

龙柏（圆柏的变种）

罗汉松

广玉兰单植

用广玉兰作行道树

广玉兰果实和叶片

樟　树

石　楠

女　贞

金　桂

丹桂花枝

珊瑚树

棕　榈

银杏果实和叶片

银杏树

金钱松

金钱松果球

池杉水中群体

水　杉

白玉兰花枝

鹅掌楸的花

毛白杨

加拿大杨

旱　柳

垂　柳

枫　杨

榆树的果实

榉树丛植

榉树单植

用二球悬铃木
作行道树

悬铃木果球

枫　香

枫香枝和果球

国　槐

合　欢

国槐果枝

龙爪槐

日本晚樱

樱　花

红叶李

樱花全株

垂枝碧桃

红碧桃

桃　花

梅　花

梅花全株

香椿树

香椿芽

喜 树

喜树果实

栾 树

红枫（鸡爪槭的变种）

紫薇（白花）

紫薇（红花）

兰考泡桐

泡　桐

椒　树

含　笑

山茶花

十大功劳枝叶

南天竹

红檵木

大叶黄杨

锦熟黄杨

月　季

海　桐

八角金盘

栀子花

凤尾兰

牡丹（鲁荷红）

牡　丹

绣　球

蜡　梅

紫玉兰

麻叶绣球

棣 棠

重瓣棣棠

贴梗海棠

紫 荆

紫丁香

迎春花

云南黄馨（蔓枝）

小叶女贞

石　榴

日本小檗

紫叶小檗

木槿单植

木槿丛植

木芙蓉

木芙蓉丛植

扶　桑

杜鹃花

杂色锦带花

锦带花

金银花

紫　藤

爬山虎

葡　萄

常春藤

美国凌霄

孝顺竹

凤尾竹

# 常用绿化树种苗木繁育技术

主　编

陈志远　陈红林　周必成

编著者

陈志远　陈红林　周必成

陈红鹰　杨瑾容

杜林峰　高树杰

金盾出版社

## 内 容 提 要

本书主要内容包括：苗圃的建设，播种及营养繁殖苗的繁育技术，苗木的抚育管理技术，绿化树苗繁育新技术，苗木出圃，以及83种常用绿化树种形态特征、分布与习性、绿化用途及繁育技术。

本书内容丰富，语言通俗，技术实用，适于苗圃工作人员、城市绿化人员、育林员及农业院校相关专业师生参阅。

**图书在版编目(CIP)数据**

常用绿化树种苗木繁育技术/陈志远，陈红林，周必成主编．--北京：金盾出版社，2010.7(2014.1重印)

ISBN 978-7-5082-6410-3

Ⅰ.①常… Ⅱ.①陈…②陈…③周… Ⅲ.①绿化—苗木—育苗 Ⅳ.①S723.1

中国版本图书馆CIP数据核字(2010)第075158号

**金盾出版社出版、总发行**

北京太平路5号(地铁万寿路站往南)

邮政编码：100036 电话：68214039 83219215

传真：68276683 网址：www.jdcbs.cn

封面印刷：北京精美彩色印刷有限公司

彩页正文印刷：北京印刷一厂

装订：北京印刷一厂

各地新华书店经销

开本：850×1168 1/32 印张：8.5 彩页：32 字数：182千字

2014年1月第1版第4次印刷

印数：20 001～24 000册 定价：18.00元

# 前　言

我国自改革开放以来，随着国民经济的迅速发展，城市和工矿企业建设的步伐加快，人们对生活质量和环境改善的要求越来越高。因此，园林绿化就成了人们生活的必需。现在，在我国各项基本建设中，都包含有绿化工程建设的要求，并成为建设项目验收标准的重要组成部分，因而大大促进了园林绿化苗木生产经营产业的蓬勃兴起。但园林苗木生产是一门相当复杂的技术工作，它包含每一绿化苗木树种的形态识别、生态习性、生长发育规律和繁育技术的掌握。一个效益好的园林绿化苗圃，必须具备一批会经营、懂技术的管理干部和技术工人，才能保证生产出数量多、质量高的绿化苗木，以供应市场的需要，获得更好的效益。

本书共分十二章，第一章至第六章，介绍了苗圃的建设、播种及营养繁殖苗的繁育技术、苗木的抚育管理技术和苗木出圃等全套的苗木繁育技术。其中第五章，还根据当前园林绿化苗圃生产的发展，介绍了绿化树苗繁育新技术，这些新技术已经或即将成为大中型园林绿化苗圃的重要技术举措，在苗圃生产中发挥着巨大作用。

第七章至第十二章，介绍了我国常用的各类绿化树种 83 种，其中常绿乔木 14 种、落叶乔木 28 种、常绿灌木 12 种、落叶灌木 18 种、木质藤本 6 种、竹类 5 种。每一树种，介绍了其形态特征、分布与习性、绿化用途和繁育技术。有些树种的重要变种、变型或近缘种，因繁育技术相近，就附在以上树种中予以介绍。

书中树种彩照，大部分为笔者拍摄，少量选自有关资料。对提供资料和关心支持本书写作的同志，我们表示诚挚的谢意。

由于编写时间仓促，笔者水平有限，书中错漏之处在所难免，恳请专家和读者批评指正。

编 著 者

# 目　录

# 第一章　苗圃的建设

园林苗圃的建设是城市总体建设的一个重要组成部分。苗圃是为城市不断提供绿化、美化所用苗木的生产基地。它所生产的苗木，应该品种门类多，产品规格全，生产周期不等，能尽量满足城市绿化对苗木的需要。

## 一、苗圃地的选择

苗圃地的优劣，直接影响苗木产量和质量以及苗木生产成本。特别是固定苗圃由于经营年限长，如果苗圃地选择不当，会给生产者带来不可弥补的损失，因此建立苗圃时选择苗圃地是十分重要的。选择苗圃地要考虑以下条件：

### (一)苗圃的位置

苗圃地要尽量设在交通较方便的地方，以利运输生活用品、育苗生产资料和苗木，便于解决劳力、电力、文化、生活等方面的问题。尤其在春、秋苗圃工作繁忙时，便于补充临时性的劳动力。

苗圃要设在城镇的附近或城区中心地区，这样能减少因苗木在运输过程中失水过多而降低苗木质量；同时，因苗圃地与栽植地的环境条件无差异，栽植后苗木成活率高。

如能靠近有关的科研单位、大专院校、农机站等地方建立苗圃，则有利于先进技术的指导，采用机械化。还要注意远离污染源，减少由污染造成的损失。

### (二)苗圃的自然条件

**1. 地形、地势及坡向**　苗圃地宜选择灌排条件良好、地势较高、地形平坦的开阔地带。坡度以1°～3°为宜，坡度过大会造成水土流失，降低土壤肥力，不便于机械操作与灌溉。南方多雨地区，为了便于排水，可选用3°～5°的坡地，坡度大小可根据不同地区的具体条件和育苗要求来决定，在较黏重的土壤上，坡度可适当大些，在沙性土壤上坡度宜小，以防冲刷。在坡度大的山地育苗需修梯田。

在地形起伏大的地区，坡向的不同直接影响光照、温度、水分和土层的厚薄等因素，对苗木生长影响很大。在南方，一般南坡光照强，受光时间长，温度高，湿度小，昼夜温差变化大，对苗木生长发育不利；西坡则因我国冬季多西北寒风，易遭冻害、苗圃地应尽量避免风口。总之，必须依当地的具体自然条件及栽培条件，因地制宜地选择最合适的坡向。

**2. 水源**　水是培育优质苗木的重要条件，苗圃地应选设在江、河、湖、塘、水库等天然水源附近，以利于引水灌溉。苗圃灌溉都需要用淡水，水中盐含量最高不能超过1.5/1000。最合适的地下水位一般为沙土1～1.5米，沙壤土2.5米左右，黏性土壤4米左右。被污染的水，不宜作苗木灌溉。

**3. 土壤**　苗圃地以具有一定肥力、结构疏松、透水透气良好的沙壤土为最好，土层要深厚，至少要有 40～50 厘米。土壤的酸碱性通常以中性、微酸性或微碱性为好。过高的酸性或碱性会抑制土壤中有益微生物的活动，影响氮、磷、钾和其他营养元素的转化和供应。一般针叶树种要求 pH 值 5.0～6.5；阔树种要求 pH 值6.0～8.0。土壤质地结构若不理想，可以通过农业技术措施改良土壤条件。

**4. 病虫草害** 在选择苗圃时，一般都应做专门的病虫草害的调查，病虫草害过分严重的土地和附近大树病虫害感染严重的地方；多年生深根性杂草等草害严重的地方；长期种植烟草、玉米、蔬菜等退耕地因病虫害较严重都不宜作为苗圃地。

## 二、苗圃地的规划与设计

苗圃地选定后，为了合理地利用土地，要根据已有的资料如地图（根据平面测量和地形测量绘制的地图）、气象、土壤、地形、水文、病虫害情况与排灌有关的水利技术资料、育苗方法和每年计划生产任务等，将土地进行合理区划和设计，即把所需的生产用地和辅助用地进行合理布局。

### （一）生产用地的规划与设计

生产用地不得少于苗圃总面积的 75％。包括播种苗区、营养繁殖区、移植区、大苗区、温室区、大棚区等。

**1. 播种苗区** 因播种苗幼年阶段对不良环境条件的

抵抗力弱，需要精细管理，因此播种苗区应选择全圃自然条件和经营条件最好、最有利的地段。要求其地势较高而平坦，坡度小于 2°；接近水源，排灌方便；土质最优良，深厚肥沃；背风向阳，便于防霜冻；且靠近管理区。应设有荫棚、并采用容器育苗技术，做到全年均能播种育苗。

**2. 营养繁殖区**　培育无性繁殖苗的地区，与播种区要求基本相同，应设在土层深厚和地下水位较高、灌排方便的地方。珍贵树种扦插则应用最好的地方。扦插繁殖区，应设荫棚和小拱棚，有条件的地方还应设喷灌和滴灌装置。

**3. 移植区**　由播种区、营养繁殖区中繁殖出来的苗木需要进一步培养成较大苗木时，则需移入移植区中进行培育。依规格要求和生长速度的不同，往往每隔 2～3 年还要再移一次逐渐扩大行株距，增加营养面积。所以，移植区占地面积较大。一般可设在土壤条件中等，地块大而整齐的地方。同时，也要依苗木的不同习性进行合理安排，注意水分排灌设施齐备。

**4. 大苗区**　在大苗区培育的苗木，体形、苗龄均较大，出圃前不再进行移植，培育年限较长。对水肥的要求更高，一般选用土层较厚，地下水位较低而且地块整齐的地区。为了出圃运输方便，最好设在苗圃的主干道和外围处。

**5. 温室和大棚区**　在冬季严寒、夏季酷暑的地区，苗圃中都应设有温室和大棚。但该区需要较高的投资，同时也具有较高的生产率和经济效益。要选择距离管理区较近，土壤条件要好，比较高燥的地区。大型苗圃还应设实验区和展示区，对从外地引入和自己培育的新、优苗木品种在此进行试验研究和展示。

### (二)辅助用地的规划与设计

苗圃的辅助用地主要包括道路系统、排灌系统、防护林带、管理区的房屋、场地等，这些用地是直接为生产苗木服务的，既要能满足生产需要，又要设计合理，减少用地，整个辅助用地占总面积的15%～20%为宜。

**1. 道路系统的设置** 苗圃中的道路是连接各耕作区与开展育苗工作有关的各类设施的动脉。合理设置才能够做到不浪费土地而又能满足要求，因此要设置多宽的路面、布设几条道路要根据苗圃的规模而定，道路系统分为主道、副道、步道和环路圃道。

**(1)主道** 是苗圃内部和对外运输的主要道路，多以办公室、管理处为中心，设置一条或相互垂直的两条道，通常宽6～8米，其标高应高于耕作区20厘米。

**(2)副道** 通常与主干道相垂直，与各耕作区相连接，一般宽2～4米，其标高应高于耕作区10厘米。小型苗圃没有主道时可代替主道的作用。

**(3)步道** 便于人员通行作业方便，在各个畦间设置的道路，一般宽度0.4～0.7米，有些步道可以和排灌系统及田埂结合使用。

**(4)环路圃道** 环绕苗圃周围的道路，供作业机具车辆回转和通行用。一般中小型苗圃不设置。

**2. 灌溉系统的设置** 苗圃必须有完善的灌溉系统，

以保证供给苗木充足的水分。灌溉系统包括水源、提水设备和引水设施三部分。灌溉的形式有三种，渠道灌溉、管道灌溉和移动喷灌。

**(1)渠道灌溉** 现都采用水泥槽作水渠，既节水又经久耐用。渠道的设置常与各级道路相配合，渠道方向与耕作区方向一致，各级渠道相互垂直。渠道还应有一定的坡降，以保证水流速度。一般坡降为 1/1 000～4/1 000。水渠边坡一般采用45°为宜。

**(2)管道灌溉** 主管和支管均埋入地下，其深度以不影响机械化耕作为度，开关设在地端使用方便。用高压水泵直接将水送入管道或先将水压入水池或水塔再流入灌水管道。出水口可直接灌溉，也可安装喷头喷灌或用滴灌管进行滴灌。

**(3)移动喷灌** 主水管和支管均在地表，可进行随意安装和移动。按照喷射半径，以相互能重叠喷灌安装喷头，喷灌完一块苗木后，再移动到另一地区。此方法一般节水 20%～40%，节省耕地，不产生深层渗漏和地表径流，土壤不板结。可结合施肥、喷药、防治病虫等抚育措施，节省劳力，同时可以调节小气候，增加空气湿度。这是今后园林苗圃灌溉的发展方向。

**3. 排水系统的设置** 苗圃地要同时具备灌溉系统和排水系统，排水系统对地势低，地下水位高及降雨量集中的地区更为重要。排水沟要设在地势低洼的地方，方向与畦的倾斜方向垂直。要尽量利用道路两侧原有的自然排水沟。

# 三、苗圃地的建设与施工

苗圃的建设，其主要项目是房屋、温室、大棚、路、沟渠的修建，水电、通讯的引入，土地平整和防护林带及防护设施的修建。房屋的建设和水电通讯的引入应在其他各项建设之前进行。

## (一)房屋建设和水电、通讯引入

为了节约土地，办公用房、仓库、车库、机械库、种子库等尽量建成楼房式，少占地多占空间，最好集中一地兴建。水电、通讯是搞好基建的先行条件，应最先安装引入。

## (二)圃路的施工

施工前先在设计图上选择两个明显的地物或两个已知点，定出主干道的中心线为基线，进行圃路系统的定点放线工作，然后方可进行修建。圃路的种类很多，一般苗圃的道路主要为土路，施工时由路两侧取土填于路中，形成中间高、两侧低的抛物线形路面，路面应夯实，两侧取土处应修成整齐的排水沟。

## (三)灌水系统和排水沟的修建

先打机井安装水泵，或泵引河水。引水渠道的修建最重要的是渠道的落差符合设计要求，为此需用水准仪精确测定，并打桩标清。为节约用水，现在大多采用水泥渠作灌水渠。移动喷灌只要考虑能控制全区的几个出水口即成。

排水沟与路边沟相结合，修路时已挖掘修成。要注意排水沟的坡降和边坡都要符合设计要求（3/1 000～6/1 000）。

**（四）土壤改良**

在苗圃建立时进行土壤改良工作，对盐碱地可采取开沟排水，引淡水冲盐碱。轻度盐碱可采用多施有机肥料，及时中耕除草等措施。对重黏土则采用掺沙的方法来逐年进行改良，对城市建筑垃圾应全部清除再填耕作土。

**（五）防护林及土地平整**

按整个苗圃土地总坡度进行削高填低，整成具有一定坡度的圃地。防护林用大苗交错成行栽植，其树种选择可考虑除生态防护作用外还可结合建立采种母株和采穗圃林，行株距要按要求进行。

# 第二章 播种苗的繁育技术

利用种子来繁殖的苗木称为播种苗，又称实生苗。播种苗具有父本、母本双亲的遗传特性，对外界环境条件的适应性强，特别是由不同种或品种杂交的种子育成的苗木，由于遗传性分离，可能产生一批优良的新类型、新品种，这在杂交育种和引种驯化工作中，具有重要意义。同时，播种繁殖采集、贮藏、运输方便，繁殖的苗木数量大。但播种繁殖遗传变异性大，不易保留母树品种的优良特性；而且播种苗的发育期长，开花结果的年龄大，因此，在繁殖苗木时，要权衡利弊，灵活选用。

## 一、种子的采集与贮藏

种子是播种繁殖的物质基础。种子品质的优劣和数量的多少，直接影响播种苗的质量和数量。因此，对播种繁殖种子的采集贮藏是播种苗生产的关键。

### (一)种子的采集

**1. 采种母株的调查** 采种之前，首先要对母株进行详细全面的调查。

**(1)母株生长的环境** 采种母株生长的环境，应尽可能与育苗环境相近，最好是本地采种，本地育苗。如从外地引进种子，应了解母株生长环境与育苗环境的差异，以便育苗，采取保护措施。如从南方引进的种子，育苗时应特别注意防寒；从北方或高山引进的种子，育苗时应特别注意防暑。

**(2)母株生长的状况**　采种母株应选择树体健壮，树形优美，如是观花、观果树种要选择花、果色彩艳丽的。同时要注意选用没有病虫害的母株。

**(3)母株的年龄**　不同年龄母株产生的种子育出的苗木有差异。幼龄树初期产生的种子，育出的幼苗可塑性大，用作引种驯化较为适当。壮龄树正在生长发育旺盛期，树体营养充足，产生的种子质量优良、发芽力高、幼苗健壮。老龄母株，树体逐渐衰老、营养不足、种子质量差、发芽率低、幼苗生长势弱，尽量不采用。

**2. 建立采种基地**　对市场需要大量播种苗木供应的树种，应在苗圃内建立采种母树基地，以保证育苗生产有足够、优质的种子供应，并对采种母株加强培育管理，使母株生长健壮，能连年不断提供种源。

**3. 种子采集**

**(1)采种时期**　采种时期对种子的质量非常重要。采收过早，种子尚未成熟，种子内部营养物质的积累尚不够充分、含水量高、贮藏或播种时易发生腐烂、发芽率低；采收过晚，种子易脱落或被鸟、虫蛀食。但也有少数树种种子成熟后，在母株上经久不落，如苦楝、国槐、臭椿等，可在播种前随采随播。

**(2)采种工具**　为了提高采种工效和尽量少损伤采种母株，采种时应根据需要准备好各种采种工具。如采种镰刀、采种布、采种袋、高枝剪、簸箕、扫帚、安全帽、采种梯等。

**(3)采种方法** 对不同树种的种子，应采取不同的采种方法。对较大的果实，可采用竹竿敲击或用采种镰、采种钩或高枝剪采摘。对较小的果实种子，可用手摘或采种钩采摘，在树下铺好采种布，便于收集。对各种较低的花灌木，采种时可采用手摘或用枝剪将果穗剪下。

采种时要注意两点，一是人身安全，上树必须系好安全带，戴安全帽并防止采种工具和树枝砸伤树下人员。二是要注意保护母树，尽量减少母株枝叶的损伤，以免破坏树形。

**4. 种子调剂** 种子采收后，许多还包含在果皮中，有些破碎或发育不全的种子夹杂其中；同时刚采收的种子一般含水量较高，容易霉烂变质。因此，必须经过脱粒、精选和晾晒等调制工序才能达到播种的要求。

**(1)种子脱粒**

①易开裂的蒴果、荚果，如杨树、柳树、香椿、海桐、山茶、紫荆、油松、池杉、侧柏等，可放在阳光下晒干，果皮会自然开裂。然后用木棍敲打，可使种子脱出。清除果皮和杂质，即可得到种子。

②种子小、果肉厚的梨果、核果，如樟树、女贞、桂花、棕榈等，可放在水缸或水池内，加水搅拌，用木棒将果皮捣烂，使种子沉入水底、果肉及杂质浮于水面，将种子捞出，洗净晾干。

③果肉厚的大核果，如桃花、梅花、山杏、核桃等，可将果实堆积起来，盖上草帘、草包等物，使果肉变软，种子

脱出。

④翅果或带翅种子，如鸡爪槭、枫杨、榆树、白蜡树等，不必脱粒，只要除去果梗，清除杂质即可。

**(2)种子精选** 种子精选是提高种子品质、掌握准确播种量、保证苗齐苗壮的重要步骤。种子精选有以下几种方法：

①风选法 小粒种子，可用簸箕风选，较大的种子，可用风扇或卷扬机风选。

②水选法 此法比较精确，一般杂质或发育不全的种子，均会浮在水面，饱满的种子均沉入水底。但水浸的时间不宜过长，以免种子吸水过多，影响贮藏。

③粒选法 此法只适用于大粒种子或珍贵稀有的种子。还可将种子分级，分别播种，使出苗整齐，提高苗木质量和便于抚育管理。

**(3)种子晾晒** 经过脱粒、精选的种子，往往含水量还较高，特别是采用水选法的种子，含水较多，因此在种子贮藏前，必须适当晾晒，使种子中含水量达到能够维持生命活动的最低限度。但不能太干，如低于种子标准含水量，种子的生命可受损。下面介绍部分树木种子标准含水量情况：油松为7%～9%，白皮松为8%～10%，侧柏6%～11%，圆柏9%～11%，杨树为5%～6%，榆树为7%～8%，白蜡树为9%～13%，但麻栎高达30%～40%。因此可知，原来小粒、干燥的种子标准含水量低，原来大粒、肉质的种子，标准含水量也高。在生产实践中可适当掌握。

## (二)种子的贮藏

种子贮藏的目的是为了在一定的时期内保持种子的生命力。除了少数夏熟性种子以及热带、亚热带某些树种,可以随采随播以外,其他树种一般秋、冬熟的种子需要保存数月,等待翌年春播种;有的种子要在种子丰收年大量采种贮藏数年,以备种子歉收年之用。

种子的贮藏方法:种子贮藏方法根据其特性及要求,分干藏和湿藏两大类。一般是含水量低的适于干藏,含水量高的适于湿藏。

**1. 干藏法** 干藏又分普通干藏及密封干藏两种。普通干藏简单易行,但效果不及密封的好。

**(1)普通干藏** 普通干藏的贮藏时间较短,用于秋季成熟翌年春即播而且适用于干藏的种子,如香椿、国槐、紫荆等。和油脂性种子其含有物不易转化的,如松树类、柏树类等。由于种子自我保护好,可以采用这种简单的方法贮藏较长时间。

具体方法是将种子自然干燥,达到气干状态,冷却后装入布袋、麻袋或木桶等容器中,放在干燥、低温、通风的地窖、地下室、仓库或专门的贮藏室内。易遭虫蛀的种子,可用0.1%~0.3%的石灰粉,木炭屑或三唑酮拌种存放。贮藏时勿堆放得太厚,贮藏期间应定期对种子进行检查,发现种子发热、潮湿和虫蛀等应及时处理。

**(2)密封干藏** 密封的目的主要在于控制温度,控制呼吸,减少消耗,保证休眠。适用于种粒小、种皮薄、易吸水、寿命短,而又需要长期贮藏而用普通干藏容易丧失发芽率的种子。种子愈干燥愈耐贮藏，种子贮藏的含水量在5％～10％即达到贮藏要求。种子密封贮藏可用瓦罐、玻璃瓶或铁皮罐，目前最经济简便的密封方法是用双层塑料袋装入种子，热合封口，不要装得太满，可在其中放入木炭、生石灰、硫化钾等干燥剂。低温密封干藏的方法贮藏时间最长。例如，对杨树、柳树、榆树、水杉等种子，可用密封干藏法。

**2. 湿藏法** 含水量高的种子，贮藏时必须保持其较高的湿度，才能保证其生命力。湿藏种子通常混沙湿藏，因沙通气性好，保湿均匀。层积沙藏有利于种子的后熟；使种子较快通过休眠期；通过低温可以降低种子的呼吸作用，从而较长时间保持种子的发芽力。

沙的湿度视种子而异，如山茶、银杏、樟树等种子用15％左右；板栗、玉兰、锦熟黄杨、枫杨等种子可用30％，湿度不宜太高，以免引起发芽。沙体积为种子容积的2～3倍，温度在0℃～3℃为宜。

湿藏种子要进行病虫害防治，如熏蒸和喷药，但即将发芽或萌动的种子不宜用药，湿种子对农药敏感，以免药害。

## 二、种子品质与测定

种子的品质，包括外表直观的皮色、大小、纯净度、整齐度、千粒重等，内在的品质发芽率等，直接关系到播种繁殖苗木的数量和质量。因此，在播种前必须认真测定，做到心中有数，苗木生产可以预估。

### (一)种子成熟度外观测定

不同树种成熟果实或种子的颜色有所不同，如银杏成熟的种子为鲜黄色，女贞、樟树果实成熟时为黑色，栾树果实成熟时为红色，榆树果实成熟时变为白色。有些干果类，如枫杨、香椿、山茶花、紫荆、合欢、杜鹃花等果实成熟时，果皮木质坚硬，往往由绿色变成黄褐色。

### (二)种子纯净度测定

种子纯净度是检测种子品质的重要指标。所谓纯净种子应该是每粒种子都具有正常的发芽能力。要排除所有的杂质，包括掺入种子中的尘土、枝、叶、果皮，还包括一些破损的、发育不全的种子。

纯净度的计算常用称重法

$$\text{种子纯净度}=\frac{\text{纯度种子重量}}{\text{供试种子重量}}\times 100\%$$

### (三)种子整齐度测定

将同一树种，不同大小的种子进行分级，分区播种，这样可使出苗比较整齐，苗床管理比较方便。

### (四)种子千粒重

每种植物种子的千粒重，经多年生产的经验，有一个大致的平均值：如侧柏为 21.6 克，油松为 38.1 克，小叶女贞为 25 克，榆树为 7.7 克，栾树为 152 克，合欢为 51 克，泡桐为 0.2～0.4 克，紫藤为 250 克，锦熟黄杨为 14.3 克。同一树种，千粒重大，表现种子粒大、充实饱满、发芽率高。

千粒重在播种繁殖中的另一作用是便于计划播种繁

殖的用种量。

### (五)种子发芽试验

种子的发芽能力是种子播种品质的最重要的指标。在室内标准条件下测定种子的最大发芽潜力，以确定合理的播种量。

种子发芽试验，一般在试验室完成，没有条件的也可在人工气候条件下进行。用发芽皿检测盒垫上脱脂棉或纱布，放入沙、蛭石、珍珠岩等无土基质。试验前先将器皿、基质和种子进行高温消毒，或用0.15%的40%甲醛溶液进行消毒。在人工气候室或光照发芽箱中，温度控制在20℃～25℃，基质湿度为饱和含水量的60%～70%，空气相对湿度80%～90%。测试的种子样品中随机抽取50～100粒为一组，将种子均匀散布在基质中，按四组重复用于发芽测定。经常观察其发芽情况，一般28天为一个周期，待发芽末期，连续5天发芽粒数平均不足供检种子总数1%时即结束试验。试验结束后，计算发芽势和发芽率。

发芽势是指种子发芽高峰时，正常发芽的种子数与供检种子总数的百分比，计算公式为：

$$种子发芽势=\frac{种子发芽高峰期发芽粒数}{供检种子总数}\times 100\%$$

发芽率代表该批种子总体质量。发芽率要取四组的平均数。其计算公式为：

$$发芽率=\frac{发芽粒数}{供检总数}\times 100\%$$

### (六)种子生命力速测法

**1. 胚芽检验法** 随机取 50～100 粒种子,用清水浸泡 24 小时,把种子剖开,取出胚放在发芽皿中,在适当温度、湿度下培养 2～10 天观察,如种胚色泽鲜艳有光泽的是有生命力的,已腐烂变色的是无生命的。

**2. 靛蓝染色法** 靛蓝胭脂红或叫洋红,对死亡细胞可以着色,对活细胞不能着色。用这种染料可以很快分辨种子有无生命力。

**3. 氯化四唑染色法**

将种子浸水泡胀后,剥出种仁放入氯化四唑溶液中,24 小时后,种仁被染成稳定而不扩散的红色者,为有生活力的;种仁未被染色者为无生活力的。

## 三、播种前的种子处理

播种前的种子处理是为了提高种子发芽率,促使苗木出土早而整齐、健壮,同时缩短育苗期,进而提高苗木的产量和质量。

### (一)种子精选

播种前对种子要进行精选,把种子中的夹杂物捡出去,再把种粒按大小进行分级,以便分别播种,使幼苗出土整齐一致,便于管理。

### (二)种子消毒

播种前要对种子进行消毒,因为种子表面有很多各式各样的病菌存在,圃地土壤中也有各种病菌存在。播种前对种子进行消毒，不仅杀死了种子本身所带来的各种病害，而且可使种子在土壤中免遭病虫危害，起到消毒和防护双重作用。常用的消毒剂和消毒方法有以下几种：

**1. 40%甲醛溶液(福尔马林)**　在播种前1～2天将一份甲醛溶液(浓度40%)加水266份稀释成0.15%的溶液，把种子放入溶液中浸15～20分钟，取出后密闭两个小时，再将种子摊开阴干后即可播种。每千克溶液可消毒10千克种子。用甲醛溶液消过毒的种子，应马上播种，如果消毒后长期不播种会使种子发芽率和发芽势下降，用于沙藏的种子，不要用甲醛溶液进行种子消毒。

**2. 硫酸铜及高锰酸钾**　用0.3%～0.5%硫酸铜溶液进行消毒，浸种4～6小时；或用0.5%高锰酸钾溶液浸种两个小时。清水冲净后的种子可以沙藏，播种。对催过芽的、胚根已突破种皮的种子，不宜用高锰酸钾溶液消毒。

**3. 敌磺钠**　用粉剂拌种，药量为种子重量的0.2%～0.5%。具体做法：将敌磺钠药剂混合10倍左右的细土，配成药土后进行拌种，这种方法对预防立枯病、猝倒病有很好的效果。

**(三)种子催芽**

**1. 种子催芽的作用**　催芽能提高种子发芽率，使幼苗出土整齐，缩短出苗期，并提高苗木质量与合格苗产量。例如，红松、椴树、圆柏和榉树等生理休眠的种子，经过催芽后可以得到很高的发芽率。以榉树种子为例，不催芽的种子发芽率为3%，经过低温（1℃～3℃）层积催芽60天的种子发芽率为94%。强迫休眠的种子，如松属、冷杉属和落叶松等种子，经过低温层积催芽，也显著地提高了发芽率和苗木生长量。如日本落叶松种子经过低温层积催芽30天，使发芽率提高4倍，平均苗高都比对照有很大提高。

**2. 催芽的方法**

①将湿润的种子放入无釉的泥盆中，再用草帘或湿布覆盖，放在温暖处催芽。每天用温水淘洗种子2～3次，直到部分种子裂嘴露白为止。

②对含水量低的种子，在播种前，一般用热水浸泡，如合欢、紫荆、棕榈等种子的种皮坚硬致密，透水性差，种子耐水温能力强，可用70℃热水浸泡，待水自然冷却后，继续泡24小时左右；筛出已膨胀的种子，再用80℃热水浸泡24小时；再筛出膨胀的种子，最后将还未膨胀的种子用90℃的热水继续浸泡；采用这种分段升温的方法，可取得较好的效果。种皮较硬的种子如鸡爪槭、枫杨、紫荆等可用60℃左右的热水浸泡；油松、侧柏、池杉、白皮松、香椿等种子，可用40℃～50℃温水浸泡。种皮薄的泡桐、水杉、悬铃木、杨树、柳树等的种子，只要用20℃～30℃的温水甚至凉水浸泡即可。

用热水浸种，水与种子容积比例为3∶1，将种子向盛水的容器里倾倒，并边倒边搅拌，使种子受热均匀。待自然冷却后，再浸泡一定时间才将种子捞出。

③把经过水浸的种子捞出与三倍湿沙混合，放在温

暖处催芽，为保持温度和湿度，堆上用草帘覆盖。水分不足时要喷水。混沙催芽的堆积不能太厚，并要注意每天定期检查。发芽快的树种经 2～3 天，发芽慢的经7～10天，当裂嘴露白的种子数达 30％时即可播种。

④对于比较坚硬的种子也可用机械擦伤法去掉种皮，然后进行浸种和催芽。但要注意经擦伤种皮的种子催芽的温度以不超过 25℃为宜。

## 四、播种前苗圃地的整理

### (一)播种前的整地

播种前的整地是指在做床或做垄前进行平整圃地、碎土和保墒等工作。便于播种后的灌溉，给种子发芽、幼苗出土创造良好的土壤环境。整地对种子发芽率、成苗率、苗木产量和质量影响都很大。

①整地要做细，应该使圃地平坦，便于灌溉均匀，播种地无土块和石块。种粒越小，对播种前整地的要求越高。

②播种地整好后，应上松下实。上松有利于幼苗出土，减少下层土壤水分的蒸发，下实可使种子与下层的湿土密合，保证了种子萌发时对土壤水分的要求。

春季或夏季播种前，土壤过于干燥，应进行灌水，俗称阴地，土壤过于疏松时则应进行适当镇压。

### (二)播种前苗圃地土壤的处理

土壤处理的目的是消灭在土壤中的猝倒病等病原菌

和地下害虫。现在所采用的方法有高温处理和药剂处理。

1. 高温处理土壤

**(1)烧土法** 在柴草方便之处,可在苗圃地堆放柴草焚烧,使土壤耕作层加温灭菌。这种方法不但能灭菌,而且有提高土壤肥力的作用。

**(2)火焰土壤消毒机处理** 日本特制火焰土壤消毒机,用汽油作燃料加温,使土壤温度达到79℃～87℃,并不会使有机质燃烧。

用加热消毒法,不仅可消灭病原菌,还能得到杀虫和消灭杂草种子的显著效果。

2. 药剂处理土壤

**(1)甲醛溶液** 每平方米用40%甲醛溶液50毫升加水6～12升,在播种前10～12天洒在播种地上,用塑料布覆盖,在播种前一周打开塑料布,等药味全部散失后再播种。

**(2)五氯硝基苯混合剂** 以五氯硝基苯为主加代森锌(或苏化911、敌磺钠等)混合剂。混合比例一般为五氯硝基苯75%,其他药剂为25%。每平方米施用4～6克。将药配好后,与细沙土混匀,做成药土。播种前把药土撒于播种沟底,厚度约1厘米,把种子播在药土上,并用药土覆盖种子。

**(3)硫酸亚铁(黑矾)** 一般使用浓度为2%～3%的水溶液,每平方米用溶液9千克;雨天用细干土加入2%～3%的硫酸亚铁粉制成药土。每667米$^2$100～150

千克。

**3. 土壤接种** 播种有菌根菌的树种，如松类、橡栎类等，为了提高苗木的产量和质量，在未种过该树种的播种地上育苗，要从该树种大树下挖土接种菌根菌。实践显示，接种菌根菌的幼苗死亡率比不接种的低26.3%～40%，苗木的高生长提高15.2%～47.4%。

## 五、播种的操作技术与方法

### (一)播种的技术

播种是育苗工作的重要环节，播种工作的质量不好直接影响种子的场圃发芽率、出苗的快慢和整齐程度，对苗木的产量和质量有直接影响。播种分人工播种和机器播种两种，目前采用最多的是人工播种。

**1. 人工播种** 人工播种主要是通过人把种子撒在播种地上。主要技术要求是划线要直，开沟深浅要一致，沟底要平，沟的深度要根据种粒的大小来确定，粒大的种子要深些，粒小的种子如水杉、榆树、泡桐等可不开沟，或在苗床上用耙子搂成麻面即可播种。为保证种子与播种沟湿润，要做到边开沟，边播种，边覆土，一般覆土厚度应为种子直径的2～3倍。要做到下土均匀，覆土厚度适宜。

覆土可用原床土，也可以用细沙土混些原床土，或用草炭、细沙、粪土混合配制覆土材料。覆土后，为使种子和土壤紧密结合，要进行镇压。要随播种随覆土随镇压，以防播种沟内水分散失。如果土壤太湿或过于黏重，要等表土稍干后再镇压。

**2. 机械播种** 使用机械播种，工作效率高，下种均匀，覆土厚度一致。开沟、播种、覆土镇压一次完成，既节省了人力，也可做到幼苗出土整齐一致，是大型园林苗圃育苗的发展趋势。

**(二)播种的方法**

**1. 撒播** 撒播是将种子均匀地撒在播种的苗床上。适用于小粒种子如杨、柳、泡桐、黄杨、水杉等树种，为使播种均匀可在种子里掺上细沙一起播出。撒播苗木产量高，但费种子，撒播的用种量一般是条播的两倍。撒播由于苗木密度大，光照不足，通风条件不好，间苗费工多，易染病虫害，不便于抚育管理。

**2. 条播** 条播是应用最广泛的播种方法，适于各种中小粒种子，如池杉、鹅掌楸、榉树、枫香松类等。条播是按一定的行距，将种子均匀地撒在播种沟中。苗行方向一般以南北向为好。播幅在3～5厘米，行距20～35厘米，小粒种子多采用宽幅条播，播幅加宽到10～15厘米，这样既可提高单位面积的产苗量，又可减少抚育管理的费用。条播的优点是：苗木有一定的行间距离，受光均匀，通风条件好，能保证苗木的数量和质量，便于抚育管理和机械化作业；但单位面积上的产苗量比撒播少，且播种时比较费工。

**3. 点播** 点播是按一定的株行距，将种子一粒一粒地播在苗圃地上。适用于大粒种子，如银杏、板栗、油桐等树种。点播的株行距要根据树种的大小来确定。种子应侧放，使种子的尖端与地面平行放置，以利于幼苗生长。点播具有条播的优点，尤其在节约种子，出苗均匀，便于管理方面更为突出。播种操作比较费工。但苗木产量比较少。

## 六、播种时期

适时播种是苗木生产的重要环节，必须根据各种苗木的生物学特性和当地气候、土壤条件，选择适当的播种时期，做到不违农时，适时播种。

播种时期，分春播、秋播、夏播和冬播，但以春播和秋播为主。

### (一)春　播

春季是大多数地区和大多数树种最适宜的播种季节。具体时间应在当地土壤解冻之后，地温达到种子萌发的标准，应越早越好。早播可以增加幼苗年生长期和生长量，而且幼苗根茎部分在炎热夏天到来之前已基本木质化，有利于抵抗病虫危害和日灼。但在春季苗圃工作量特别繁重，必须统筹安排；而且春播前要做好圃地整理和种子贮藏催芽工作，以保证种子的发芽率和生长势。

### (二)秋　播

一般大中粒种子或种皮坚硬和有生理休眠特性的种子，适宜秋播。秋播时间，应在秋末冬初，土壤尚未冻结以前完成。秋播种子可以在土壤中完成贮藏和催芽作用，在翌年春季地温上升后，可不失时机地萌芽出土，根深叶茂，苗木生长期长、抗旱、抗病虫害能力强。

秋播时，种子在苗圃地里越冬，要注意覆土防冻，并避免失水干旱，严防鸟兽把种子吃掉。

### (三)夏　播

夏播适于一些种子夏季成熟又不易贮藏的树种，如杨树、柳树、榆树、桑树等。种子成熟后，生活力较弱，种子含水量大、寿命短、需随采随播，当年成苗，但夏播幼苗正值高温、强光下度过，应注意幼苗遮荫、灌溉，保持土壤湿润。

夏播是随采随播，可省去种子贮藏、催芽等工序，缩短育苗时间。但适用树种不多，且幼苗生长期短，当年不能育成大苗是其缺陷。

### (四)冬　播

在热带、亚热带地区，冬季气温较高，土壤不结冻，也可进行冬播，冬播实际是秋播的延后或春播的提前，可利用冬闲，劳力容易安排。在冬季气温寒冷地区，不宜冬播。

# 第三章　营养繁殖苗的繁育技术

营养繁殖又称无性繁殖，是利用植物营养器官（根、茎、叶）的再生能力繁殖新植株的方法。用这种方法繁殖的苗木，称为营养繁殖苗。

营养繁殖不是通过两性细胞的结合，而是由体细胞所产生的新植株，其遗传性和母本完全一致，能够保留母本的优良性状。营养繁殖苗的发育阶段是母本的延续，能提早开花结实，适宜于以花果为培育目的的园林苗木的繁殖。营养繁殖苗幼年生长迅速均匀，管理简单、省工，在生产中应用极广。适用于一些母树稀少，结实不多或是用种子育苗技术比较复杂的树种。但其寿命短，繁殖材料用量大，大面积育苗受限制。对一些营养器官再生能力不强的树种，也不适用。

营养繁殖的方法有：扦插、嫁接、埋根、插根和压条等。但扦插和嫁接两种方法是主要的，插根、根蘖、压条方法，只用于少数树种。

## 一、扦插育苗技术

扦插育苗是将树木的茎或枝条剪成一定规格的插穗，插入苗床，使之生根成苗的一种育苗方法。操作简便，应用广泛。

## (一)插穗生根成活的原理

植物的每一个细胞不但具有亲本的遗传特性,而且还具有发育成完整植株的能力,这种特性称为植物细胞全能性。扦插育苗就是利用这种特性进行苗木繁殖的。

## (二)影响插穗生根成活的主要因素

### 1. 内在因素

**(1)树种的遗传特性** “有心栽花花不活,无心插柳柳成荫”。就是说树种不同,遗传特性不同,扦插成活的难易程度差异就很大。在相同的条件下,一般灌木比乔木易生根。在灌木中,匍匐型比直立型易生根。

**(2)母树及枝条的年龄** 同一树种,因母树年龄不同,插条生根能力也有差异。母树年龄越大,生根能力越弱,这是由于年龄较大的母树阶段发育较老,细胞分生能力降低。幼年母树和根颈处萌蘖条容易生根,就是由于其阶段发育年轻。

同一母树上,一年生枝条较两年生枝条年幼,故易生根。嫩枝比硬枝插条易生根也是这个道理。但对一些生长慢的树种如雪松、圆柏等,因一年生枝条过于细弱,营养物质含量少,插穗可以带一部分二三年生枝条。

**(3)枝条的着生部位及生长发育状况** 一般认为在同一母树下部特别是基部萌发的枝条比上部梢端枝条营养物质多,阶段发育年轻,再生能力强,容易生根;靠近中轴上的枝条比侧枝,特别是多次分枝营养物质多,阶段发育年轻,再生能力强,容易生根。具体到同一枝条的不同部位,则以中下部为最好。基部过粗,不仅剪穗困难,而且萌芽瘦小，发芽晚，生根慢，愈合差，而上部梢部枝条则因发育不充实，组织幼嫩，扦插成活率低，长出幼苗纤弱，因而也多不采用。

此外，插穗的长短也影响扦插成活率。一般说来，长插穗比短插穗成活率高，但过长又造成扦插困难，入土过深的弊病。在生产实践中，应根据需要和可能掌握粗枝短剪、细枝长留的原则，确定插穗的长度。

**(4)插穗上保留叶的作用** 在插穗上保留一定数量的叶片，插穗的愈合和生根能力比较旺盛。这是由于叶片能够通过光合作用制造一定营养物质，供插穗生根需要，并生产一定数量的激素促进插穗生根的缘故。尤其对针叶树、常绿树和嫩枝扦插育苗，特别重要。但留叶片过多，蒸腾量加大，容易造成失水干枯，对生根反而不利。

**2. 外界条件**

**(1)土壤水分** 土壤水分是调节插穗内部水分收支平衡，不使插穗枯萎的必要条件。实践证明：有些树种插穗生根所需土壤水分比成活后所需的土壤水分要多得多。为了提高扦插成活率，必须经常灌水，使土壤保持湿润状态。但水分也不能过多，以免影响土壤温度和空气，使插穗不易生根，甚至造成插穗霉烂。

**(2)土壤温度** 一般树种生根适宜温度在15℃～20℃，而常绿阔叶树要求的土壤温度则以23℃～25℃为适宜。经验证明：当土壤温度高于气温3℃～5℃时，有利于插穗生根。如用马粪或电热丝增加插壤温度，可加速龙柏和月季生根。

**(3)土壤通气性** 氧气是保证插穗生根时进行强烈呼吸的必要条件。如灌水过多，或土壤黏重，透气不良，则会造成插穗窒息，腐烂而死亡。因而用于扦插育苗的土壤，以结构疏松，透气良好的沙壤土为最好。

**(4)空气相对湿度** 较高的空气相对湿度可以减少土壤水分的蒸发和插穗内部水分的蒸腾，不使插穗枯萎。这对嫩枝扦插尤为重要。因而在进行常绿树种扦插育苗时，常采用遮荫和喷水措施，至于嫩枝扦插和难以生根树种的硬枝扦插育苗，能使空气相对湿度保持在80%～90%左右，有利于插穗生根成活。

**(5)光照强度** 散射光是进行同化作用的最好条件，尤其对针叶树种和常绿阔叶树种以及嫩枝扦插更为重要；同时，一定的光照强度会使带叶的嫩枝在同化作用过程中合成生长素，有利于插穗生根。但是强烈的直射光会灼伤幼嫩枝条，促使插穗枯萎。因此，在必要时还应进行遮荫。

### (三)促进插穗生根的方法

**1. 浸水或加温催根处理** 在春插前将成捆的插穗放入清水中，浸泡三昼夜(注意每天换水)。然后把水排掉，盖上草帘，使插穗在通气条件下进行催根。以后每隔三天，夜间注水一次，早上排掉，以补充插穗的含水量，直到皮层突起，再连续浸水两昼夜，使之充分吸水后，取出插穗。这种方法操作简便，有利于生根。

也可在扦插前15～20天，将插穗浸泡三天，充分吸水后，成捆竖放在温床上，保持插穗下部温度在25℃～

30℃，上部温度在10℃以下，进行加温催芽。当下切口形成愈伤组织，并有幼根微露时，即可取出扦插。

对一些针叶树的插穗，由于松脂分泌较多，有碍愈合生根，可将下端插入30℃～50℃的温水中浸泡两小时，有利于生根。

**2. 插穗封蜡处理**　将石蜡溶于90℃的热水中（蜡水重量比为1∶2），将插穗（18～20厘米）上部1/3于溶化的蜡中速蘸0.5～1.0秒，使插穗上端形成一层薄蜡膜，因石蜡具有良好的保水作用，使插穗1/3以上包括插穗上切口，不失水，且通过在90℃石蜡液中速蘸，杀死部分病虫，还能起到防腐作用，达到抑制插穗上部失水，早萌芽，促进下部吸水生根作用。此方法也适用于较难生根的落叶阔叶树种（法桐、红叶李、紫薇等）的扦插育苗。

**3. 植物激素的处理**　一定浓度的植物激素进入植物细胞后，使细胞壁易于延伸，水分、养分容易进入细胞，加速细胞分裂，有利于愈伤组织的形成和插穗的生根。

促进插穗生根的植物激素有2,4-滴、吲哚乙酸和萘乙酸等，其中萘乙酸应用较广。具体方法：见第五章第一节。

**4. 化学药剂处理**　常用化学药剂有高锰酸钾、蔗糖、醋酸、硼酸、二氧化碳、磷酸等。高锰酸钾可促进氧化，增强插穗呼吸，促进内部营养物质转化为可给状态，并可抑制细菌发育，起到消毒作用。高锰酸钾浓度一般为0.03%～0.1%，处理时间为12小时；对嫩枝处理可用0.06%左右浓度，浸6～8小时。

硬枝扦插，可用0.1%～0.5%硼酸溶液浸泡下端24小时，之后贮藏45天，再进行扦插。

蔗糖溶液可直接补充插穗的营养物质。一般浓度为1%～10%，处理插穗下端18～24小时，效果显著。如用0.5%～5%的浓度处理毛白杨插穗，生根率可达95%～100%，用1%浓度处理水杉插穗，生根率达93%。

**5. 刻伤处理** 刻伤插穗可扩大伤口面积，借以增加愈伤组织，扩大生根范围，提高扦插成活率。对难生根的树种，还可在生长期对枝条基部进行环剥，使枝条内部积累更多养分。休眠后，剪穗扦插，有利于生根。

**6. 黄化处理** 对根颈的萌蘖条和近地面枝条，用培土的办法使其黄化，对树冠上部枝条，可在顶芽尚未开放前，用黑布或黑纸做成10～12厘米的套子，套在枝条顶端，使萌发的新梢在整个发育过程中，严密遮荫，促进内部物质发生变化。夏末，新梢被遮荫部分即可形成根原始体，当年秋或翌年春剪下扦插，便容易生根。

### (四)扦插育苗的操作技术

扦插育苗，根据所用枝条木质化程度的不同，分为硬枝扦插和嫩枝扦插两种。

**1. 硬枝扦插** 是用完全木质化的枝条作材料进行扦插育苗。硬枝扦插育苗技术简单，容易掌握，生产上应用广泛。适用树种很多，如杨树、柳树、银杏、水杉、侧柏、悬铃木、绣球花、黄杨、木槿等。硬枝扦插的方法如下：

**(1)采条** 应以品种优良，发育充实，无病虫害的一年生苗干为好。也可选用幼龄母树根部的一年生萌条。

采条多在枝条养分含量最多的时期，即在树木休眠期进行。可以秋采秋插，也可以春采春插。秋采在落叶后，春采在树液流动前。但以树叶刚刚开始脱落，枝条内的养分尚未下降至根部以前，养分最为充足。故春插也最好在秋季采条。经过沙藏，不仅软化了皮层，而且还可以促进根原始体和愈伤组织的形成，从而提高生根成活率。

**(2)剪穗** 种条采回后，应立即截穗。一般将合格的母条，按"粗条稍短，细条稍长，容易生根树种稍短，难以生根树种稍长，黏土地插穗稍短，沙土地插穗稍长"的原则，由种条基部开始截成15～20厘米长的插穗。对一些扦插特别容易生根的树种，如小叶杨、加杨等，甚至可单芽短穗(长3厘米)扦插。

插穗剪截要注意保留萌芽，尤其是上芽，关系到幼苗的形成，更应注意。为了防止插穗干燥，剪穗应在背阴处进行。剪后按粗细分级，每50～100根捆成一捆，捆时注意上下端一致，不要颠倒乱放，以有利于贮藏和催根。

**(3)贮穗** 对冬采春插的插穗，应按不同粗细分沟贮藏。

贮藏沟应选在地势高燥处。沟深50～100厘米，长、宽依地形和插穗多少而定。沟底先铺5～10厘米厚的湿沙，然后将成捆的插穗，小头向上，单层或隔沙分层，竖立摆放于沟内，以插穗距沟沿20厘米为止。每隔1～1.5米，竖一束树枝或草把以利于通气。然后用湿沙将沟封平，上面覆土厚20厘米，培成拱形。贮藏期间要经常检查，并调节沟内温、湿度。贮藏时间应在土壤冻结前进行，翌年春苗圃地开冻后，取出扦插。

(4)扦　插

①扦插的方法　根据插穗粗细、土壤质地以及愈合、生根情况，可采取以下方法扦插：

第一，直接插入法。在土壤疏松，插穗未经催根处理的情况下，可直接将插穗插入苗床。

第二，开缝或扎孔插入法。在土壤黏重或插穗已经产生愈伤组织，根原始体已经膨胀，用直接插入法可能引起损伤时，可开缝或扎孔，顺缝或孔将插穗插入，然后封土踏实。扦插深度应与插穗长短相适应，春插可外露一个萌芽，秋插为防止受冻可与地面平，防止插穗悬空或外露过高。

第三，开沟浅插封垄法。适用于细种条或已生根的插穗，先在苗床上按行距开沟，沟深10厘米，宽15厘米，然后在沟内浅插，填平踏实，最后封土成垄。

插条密度随树种和作业方式而异。一般慢生树种密度大于速生树种；床式育苗密度大于垄式育苗。通常行距为20厘米、40厘米；株距为10厘米、30厘米。

直插还是斜插，可根据树种、插穗长度及土壤质地而定。一般生根较容易、插穗较短、土壤疏松、通气良好的情况下，直插为好，而在土壤黏重、地下水位较高地区则宜斜插。

②扦插注意事项　不论采用哪种扦插方法，都必须注意防止倒插，保持上芽基部与地面平。插后立即灌水，

使插穗与土壤密接。对于不同粗细，不同部位的插穗应分床扦插，减少分化，达到生长整齐。扦插后要经常保持土壤湿润，做到及时灌水松土，常绿树种还应注意搭棚遮荫。杨、柳等萌芽能力强的树种，幼苗期还应做好除萌抹芽工作。

**2. 嫩枝扦插** 是在植物生长期内利用半木质化带叶枝条作材料进行扦插育苗的方法。多用于一些用硬枝扦插不易生根成活的树种。嫩枝的薄壁细胞多，含水量大，有利于嫩枝生根。但是，嫩枝扦插时气温高，蒸腾量大，管理技术要求较高。生产上采用嫩枝扦插的树种有水杉、雪松、龙柏、黄杨等。嫩枝扦插的具体方法如下：

**(1)嫩枝的选取** 在夏季的清晨或无风的阴天，选择生长健壮的幼年母树，采集当年生刚刚木质化的粗壮枝条。这种枝条生命力强，容易愈合生根。过嫩，插后容易失水萎蔫；过老，生长缓慢。

**(2)剪穗** 插穗长度，取决于枝条节间的长短。但一般比硬枝插穗为短，5～15 厘米，包括 1～2 个节间。上端保留顶梢（对针叶树尤为重要）。除短插穗的叶片全部保留外，对插穗较长，蒸腾强度较大的阔叶树，可将下部叶片摘除 2～3 片，或将每个叶片剪去一半，以进行光合作用，促进插穗生根、发芽和生长。下切面可以切成马耳形或双马耳形，以扩大吸收面，促进插穗生根。切好的插穗，应及时用湿润材料覆盖，以免干燥。

**(3)扦插** 南方春、夏、秋三季均可进行。北方多在夏、秋两季，以雨季为最好。宜在早晨或傍晚，随采条，随截穗，随扦插。扦插宜浅，因为夏、秋两季地表温度高，通气好，浅插容易生根。

扦插技术因树种而异。对容易成活的树种，可直接在苗圃中扦插。对不易生根成活的树种，应先在温度高、湿度大、氧气充足、光照良好的温床中培育。温床下部先铺一层 10～20 厘米厚的湿沙腐殖质土，上面再铺一层 4～6 厘米厚洗净的河沙即可；也可以在表面加铺一层蛭石或珍珠岩，厚 4～5 厘米，以提高床温。插后要经常灌水，适当遮荫，如果采用电子自动间歇喷雾装置，更有利于插穗生根成活。当苗木逐步适应苗圃地的环境条件后，再移植到苗圃继续培育。移植后的抚育管理工作与硬枝扦插育苗相同。

## 二、嫁接育苗技术

将母本的枝条或芽接到另一植株的适当部位上，经过愈合生长发育成为一个新植株的育苗方法叫做嫁接育苗。嫁接时所用的枝或芽称为接穗。承受接穗的植株称为砧木。用嫁接方法培育的苗木称为嫁接苗。

嫁接的作用：一是这种苗木既能保持接穗母本的优良性状，又能利用砧木的抗逆能力，扩大树种的栽培范围。二是嫁接可使树木提前开花结果，为以花果为培育目的的树种繁殖开辟了新的途径。三是对雌雄异株树木，通过嫁接还可以改变性别，使之适合人们的需要。因此，嫁接育苗在园林苗木生产中得到广泛应用。

## (一)嫁接成活的原因

嫁接成活的原因,在于接穗和砧木两者的形成层紧密结合,形成共同的形成层,使接穗得到砧木根系供应的养分和水分,逐渐成长为一个新的植株。因此,嫁接能否成活的关键,主要决定于砧、穗间形成层和薄壁细胞的再生能力及产生愈伤组织的程度。

## (二)影响嫁接成活的主要因素

**1. 嫁接的亲和力**　亲和力的大小,一般说来决定于亲缘关系的远近。同种间的亲和力最强,同属间的次之,同科间的又次之,不同科之间的嫁接成活较难。这是由于亲缘关系越远,接穗和砧木之间在结构形态、生理生化特性以及遗传特性方面的差异越大,形成统一代谢过程越难的缘故。但是也有例外,如亲缘关系较远的核桃和枫杨嫁接,枇杷和石楠的嫁接也能较好的成活;而亲缘关系较近的梨接在苹果上,中国板栗接在日本板栗上却表现出不亲和。

**2. 植物的生理特性**　植物的生理特性也是影响嫁接成活的内因之一。例如,松类富含松脂,影响砧穗愈合;柿树、核桃树体内富含单宁,形成隔离层阻碍愈合;核桃还具有伤流现象,阻碍砧穗间的树液交流,这些特性都直接影响着嫁接的成活。

**3. 外界环境条件**　适宜的温、湿度和良好的通气条件有利于愈合,提高嫁接成活率。枝接一般在树木萌芽前的早春进行,适宜温度为 20℃～25℃,湿度为 80%～90%。芽接则应在温度 25℃～30℃时进行,最有利于嫁接成活。采用塑料条包扎，则可起到良好效果。

### （三）嫁接育苗技术

**1. 砧木的准备** 嫁接时应选择生长发育健壮，根系发达，适应当地环境条件，并具有一定抗性（如抗寒、抗旱、抗盐碱、抗病虫的能力强），与接穗亲和力强的适龄合格苗木作砧木。砧木苗一般用实生苗，也可用营养繁殖苗。针叶树大都采用与嫁接目的树种相同的树种作砧木（即共砧或本砧），在嫁接前2～4年开始培育，而阔叶树种则多选用1～2年生苗。

**2. 接穗的选择和采集** 接穗应根据当地品种区域化的要求，选择适于当地自然条件的优良品种或类型，从生长健壮、速生、丰产、优质、无病虫害的中壮年母树树冠中、上部外围，采集发育充实的当年生新梢（秋季芽接）或一年生枝条（春季枝接或芽接）作接穗。

采集时期和采后的处理和贮藏，落叶阔叶树枝接用的接穗，落叶后即可采集，一般不迟于发芽前2～3周。针叶树春季枝接的接穗，在树木萌动前采集。接穗采集后，要按不同品种或类型分别捆扎，并附标签，以防混杂。

接穗如需运输，可装入塑料袋中或用水浸后装入蒲包、竹篓等，迅速运输。运回的接穗应及时窖藏，保持低温（0℃～5℃）、湿润状态，定期检查，以防干枯，过湿，受冻或霉烂。

芽接用的接穗多采用当年生的枝条，最好是随采随接，注意芽必须成熟饱满。采下的接穗要立即剪去叶片，保留一段叶柄，以减少水分蒸腾。如一时接不完，应按不同品种(类型)分别贮存,可将接穗下端浸水,置于阴凉处,每日换水,或放在阴凉通风处用湿沙将接穗下端封埋。但不宜超过10天,否则影响成活。

**3. 嫁接的时期**　一般说来,在整个生长期中都可以进行嫁接,只是不同季节所采用的嫁接方法不同而已。生产上一般春季采用枝接,夏、秋季采用芽接。有的地区春季采用带木质芽接(嵌芽接),夏季采用嫩枝接,也都取得了较高的成活率。

嫁接的具体时间,一是6月份以前,使接芽抽出的新梢有足够的生长时间并达到木质化;二是在8月中旬以后,接后当年仅仅愈合,翌年春再萌发生长。

**4. 嫁接前的准备工作**

除准备好工具,对嫁接人员进行基本功的训练外,还必须做好以下工作。

**(1)接穗生活力检验**　采用当年生新梢作接穗,如发现缩皮、变色或不离皮,应重新采穗。对越冬贮藏的接穗可随机取出若干根,削出新削面插入湿土或置于温箱、温室或火炕上,经10多天削面上长出愈伤组织时,即可用来嫁接,否则应予淘汰。

**(2)接穗活化**　将在贮藏状态下具有生活力的接穗,在嫁接前1～2天移至常温环境中活化。

**(3)接穗浸水处理**　经过活化的接穗,最好再浸水12～24小时,充分吸水,使组织松软,易于切削。如果是松类接穗,可用温水浸泡排去部分松脂,有利于接后伤口愈合。

**5. 嫁接方法** 目前，生产中采用的嫁接方法很多，必须根据当地具体情况、接穗的性质、嫁接的时期和目的，选择适宜的嫁接方法。

**(1)切接法** 是枝接中常用的一种嫁接方法。砧木宜选用1～2厘米粗的幼苗在春季砧木树液开始流动时，在距地面5厘米左右处截断，削平。在横断面上约为直径的1/5～1/4处下刀，深达2～3厘米；接穗则切削一面，呈2～3厘米长的切面，对侧基部削一小斜面。接穗上保留2～3个完整饱满的芽。将削好的接穗插入砧木切口中，使形成层对准，削面紧密结合，再用塑料条等捆扎物绑好，必要时可在接口处涂上接蜡或泥土，以减少水分蒸腾，一般接后都采用埋土的办法保湿(图3-1)。

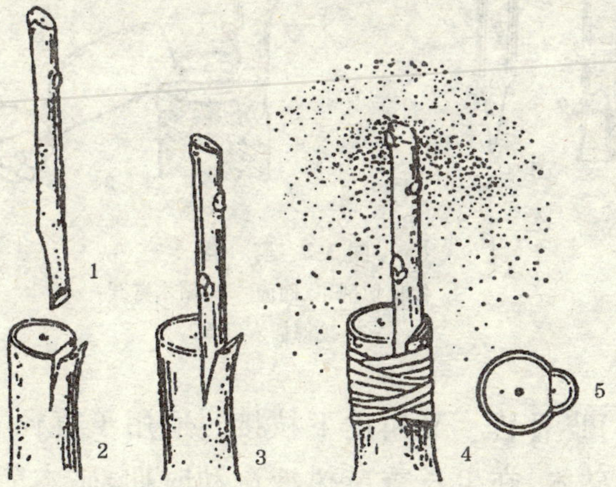


**图3-1 切 接**

1. 接穗 2. 砧木 3. 插入接穗

4. 绑缚和埋土 5. 接穗和砧木形成层对齐(横切面)

**(2)劈接法**　接法与切接略同，适用于大部分落叶树种。要求选用砧木的粗度为接穗粗度的2～5倍。砧木自地面5厘米左右处截断，用快刀削平，然后在其横切面上的中央垂直下刀，劈开砧木，切口长达2～3厘米；在接穗下端两侧切削，呈正楔形，切口2～3厘米，将接穗插入砧木中，与砧木的形成层对准，若砧木粗可同时插入2个或4个接穗，用缚扎物捆紧，由于切口较大，要注意埋土，防止水分蒸腾影响成活(图3-2)。

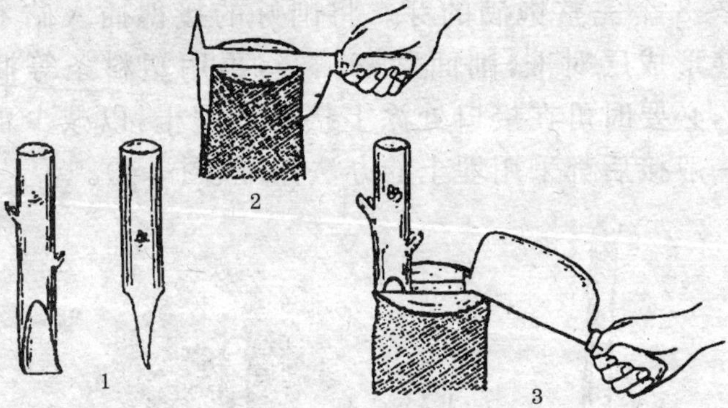


**图3-2　劈　接**

1. 接穗切削正、侧面　2. 砧木劈开

3. 接穗插入侧面

**(3)皮接法**　又叫皮下枝接。适用于直径2～3厘米以上的砧木，在生长季节树液流动时期，砧木能剥离树皮时进行。当前改接换头也多用此法。

在接穗下芽的背面1～2厘米处，削2～3厘米长的斜面，并轻轻刮去皮层，露出形成层，再在斜面背后尖端削

0.6 厘米左右的小斜面。在砧木离地面 1～2 厘米处剪断砧苗，用快刀削平断面。在砧木皮光滑处，由上向下垂直划一刀，深达木质部，长约 1.5 厘米，顺刀口用刀尖向左右挑开皮层，把接穗插入，使马耳形削面贴紧木质部外缘形成层(使削面在砧木的韧皮部和木质部之间)。插接穗后，绑缚、埋土与劈接法相同(图 3-3)。

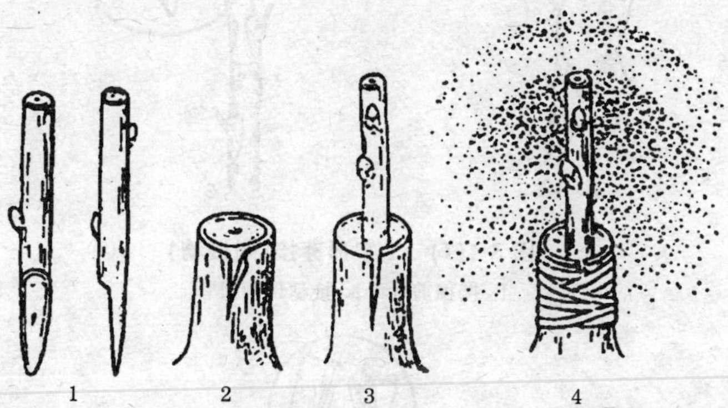


**图 3-3 皮 接**

1. 削接穗 2. 砧木开口 3. 插接穗 4. 绑缚和壅土

**(4)T 字形芽接法** 适用于一般砧木细、皮层较薄的树种。是芽接方法中最常用的一种方法。操作简便，成活率高，嫁接时间长，从 6 月至 9 月间都可以进行。一般在夏末至秋初枝芽已发育完全、树皮容易剥离时，先从选定的枝条上，用芽接刀切取盾形芽片。同时，在砧木离地面 5～10 厘米处平滑一侧，切成与芽片等长的 T 字形接口，深达木质部，随即用刀尾轻轻剥开皮层，从削好芽片的枝条上扭取芽片，使芽维管束整体带在芽片上，然后，插入切口，使芽片的上缘和切口上边缘密接，再用塑料条把接口包严，只露出叶柄和芽，见图 3-4(1)、图 3-4(2)。

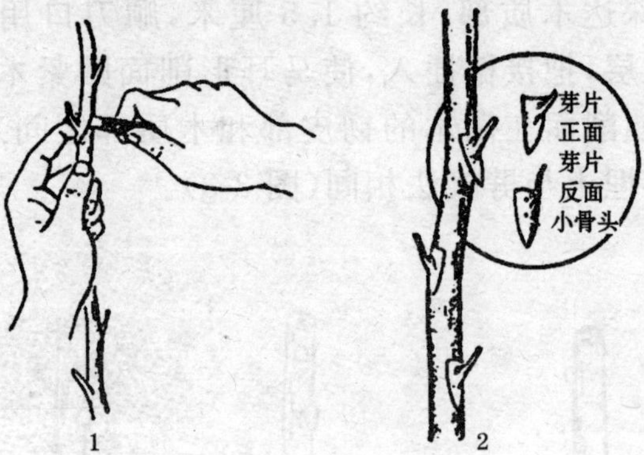


**图 3-4(1)　T 字形芽接(削接穗)**

1. 接穗剪叶　2. 接穗切削过程

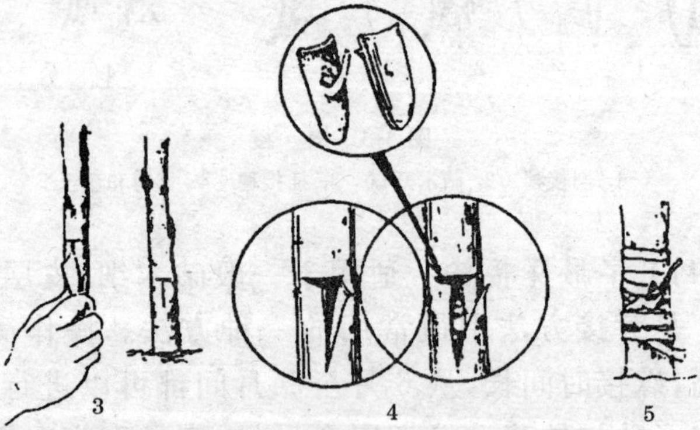


**图 3-4(2)　T 字形芽接(切砧木与嫁接)**

3. 砧木开“T”形口　4. 接合　5. 包扎

**(5) 嵌芽接法**　又叫带木质芽接。此法适合春季树木离皮前或秋季不离皮时进行。比枝接节省接穗，操作简单，成活率高。适用于大面积育苗采用。

接穗上的芽，自上而下切取，在芽的上部向下平削一刀，在芽的下部横向斜切一刀即可取下芽片，一般芽片长2～3 厘米，宽度不等，依接穗粗细而定。砧木的切削是在选好的部位由上向下平行下切，但不要全切掉，下部留有0.3 厘米左右，将芽片插入后再把这部分贴到芽片上绑好。在取芽片和切砧木时，尽量使两个切口大小相近，形成层上下左右都能对齐，才有利于成活。

**6. 嫁接苗的抚育管理**

**(1)成活检查** 大多数树种，芽接后两周左右、枝接5～6 周左右即可愈合。检查成活率，芽接的叶柄如一触即落，或芽片新鲜说明已成活；如叶柄不易脱落，或芽片干枯变色，说明接芽已死。枝接时，常绿树种的接穗和叶片如保持青绿有可能成活。落叶阔叶树以抽梢为成活标志，检查成活后一般即可解绑。对于未接活的苗木还可及时补接。

**(2)培土防寒** 北方地区冬季严寒、干旱，为防止接芽遭受冻害，芽接苗在当年冬季土壤冻结前，可进行培土防寒。翌年春土壤解冻后分两次扒除。

**(3)剪砧和抹芽** 芽接苗成活后，在早春发芽前，应在接芽以上 0.5 厘米左右处剪去上部砧木。为防止新梢风折，可立支柱绑缚。

枝接苗，一般阔叶树种在接穗萌芽后，只留一个健壮的芽，多余的抹去。砧木上的萌芽则全部抹去，以保证接穗芽的生长和发育。针叶树，尤其是松属类，在接穗萌发出新轮枝时，可去掉砧木上的轮枝，剪去砧木主梢。同时，要随时对砧木上长出的侧枝进行抹芽和修枝，直到接穗自身长出侧枝，并足以维持自身营养时，再将砧木侧枝全部剪除，促进接穗迅速生长。

**(4)追肥、灌溉、松土除草和防治病虫害**　可参照播种苗培育方法进行。

## 三、插根育苗技术

插根育苗是把具有根蘖能力的树种的根段插入（或埋入）苗床、使之产生不定芽、不定根，发育成为新植株的繁殖方法。适用于根蘖能力强但插枝又不易成活的树种，如泡桐、文冠果、刺槐等。

### (一)种根的采集

一般多在秋末至冬初或早春树木休眠期结合苗木出圃或苗圃整地时采集。严寒地区不宜冬季采根，以免树根受冻害；也可以剪取出圃苗木的过长根，或掘苗后土壤中所遗留的残根；或选择中年的健壮母树，在树干周围一定距离内挖半圆形的沟，挖取直径 0.5～3.0 厘米的侧根。但注意一株母树上不要截取过多，以免损伤母树。还可结合采伐，挖取伐根上的侧根。根插穗宜随采、随剪、随插（泡桐根含水量大，可适当晒根后再根插）。有些树种的根不易辨认上下头，采根时应上端平剪，下端斜剪，便于分清上、下端。

### (二)根插穗的截制

一般应在背风阴凉处截制(泡桐除外)。根穗长度为15厘米左右。剪后依粗细分级,按一定数量扎捆,以便分区插根或分沟贮藏。冬采春插的根穗应混沙堆藏,注意根穗粗头向下。

### (三)插　根

插根前应细致整地,并灌足底水。可春插,也可秋插。秋插宜在根穗剪好后随即扦插,使根穗伤口有一段愈合时间。春插可从土壤解冻后开始,在根穗发芽前结束。

插根方法有直插、斜插和平埋三种。一般多采用直插。平埋的苗木根系发育不好,多在根穗无法辨认上下时,不得已而采用。插根时,严防倒插,否则不能出苗。并要按根穗粗细分区插根,以防苗木分化。插时先按株行距挖穴,然后在穴中施基肥,灌水,待水下渗后,再将根穗插入泥中,保持插穗上切面与床面平,或稍高于床面,封土踏实,最后覆土保墒。若为秋插,也可在其上封一小土丘,在黏土或低湿地区也可采用垄插。插根苗的管理可参照插条育苗。

## 四、根蘖育苗技术

利用树木根系具有产生不定芽而形成枝条的根蘖特性繁殖苗木的方法,称根蘖育苗。

根蘖育苗又可分为留根育苗和分株育苗两种。

### (一)留根育苗

凡是根蘖性强的树种,如毛白杨、泡桐、刺槐等,它们的残根,通过留根繁殖方法,都可以继续育成苗木。不仅方法简单,而且节约开支。

留根育苗,起苗时最好切断苗木周围的侧根,再挖断主根。在不影响苗木质量的前提下,可使苗木的根适当短一些。起苗后,应立即修整床面,施肥松土,把露出地面的根,埋入土壤,并平整苗床。对起苗坑(尤其是毛白杨苗圃地)不可填土过厚,否则萌蘖不易出土。但为了防寒,可用马粪或腐殖土将坑填平,然后冬灌。翌年春土壤解冻后,松土保墒,一般不再浇水,以免板结,影响萌蘖苗出土。萌蘖常呈簇状,可在苗高 10 厘米左右时,定株和补植。对过密的苗木可进行移植。留根苗的抚育管理同一般育苗方法。留根育苗可连续进行两年。

### (二)分株育苗技术

在园林苗木培育中,毛白杨、泡桐、刺槐、枣树、文冠果等树种,常能从根上长出不定芽(根蘖);珍珠梅、黄刺玫、连翘、迎春、蜡梅等灌木树种,常能从茎的基部长出许多不定芽(茎蘖),把这些不定芽形成的小植株,从母体上分割下来而得到新植株的育苗方法叫分株育苗,也叫分蘖育苗。

分株繁殖仅适用于根蘖或茎蘖能力强的园林树种。在分株过程中要注意小植株一定要有较完好的根系,以及1～3 个茎干,才有利于幼苗生长。分株繁殖的优点是成活率高,可在较短时间内获取大苗,但繁殖系数小,不便于大面积生产，苗木规格不整齐，多用于小规模的繁殖或名贵花木的繁殖。

分株时间一般在春、秋两季。春天在发芽前进行，秋天在落叶后进行。由于分株法多用于花木类。因此，应考虑分株对开花的影响。一般夏、秋天开花的在早春萌芽前分株，春天开花的在秋季落叶后分株，这样对母株开花影响不大。

分株时先将母株挖起，用锋利的刀、剪将母株分割成数丛，使每一丛上有 2～3 个枝干，下面带一部分根系，适当修剪枝、根，然后分栽。

如果繁殖量少，也可不将母株挖起，只在母株一侧挖出一部分株丛，分离栽殖，这也是分株的一种方法。

## 五、压条育苗技术

压条育苗是将未脱离母体的 1～2 年生枝条压入土壤使之生根后切离母树，培养成为一株独立苗木的繁殖方法。如迎春花、金银花、爬山虎、葡萄、紫藤等，常用此法育苗，可取得良好效果，但缺点是繁殖率较低。

### （一）压条方法

压条方法见图 3-5。

#### 1. 低压法

**（1）堆土压条** 适用于枝条丛生的母株和根株萌蘖性强的树种。可提前栽植母树，株行距 1 米×1.5 米。定植后当年秋或翌年春平茬，促使萌发新条，当 6～7 月萌

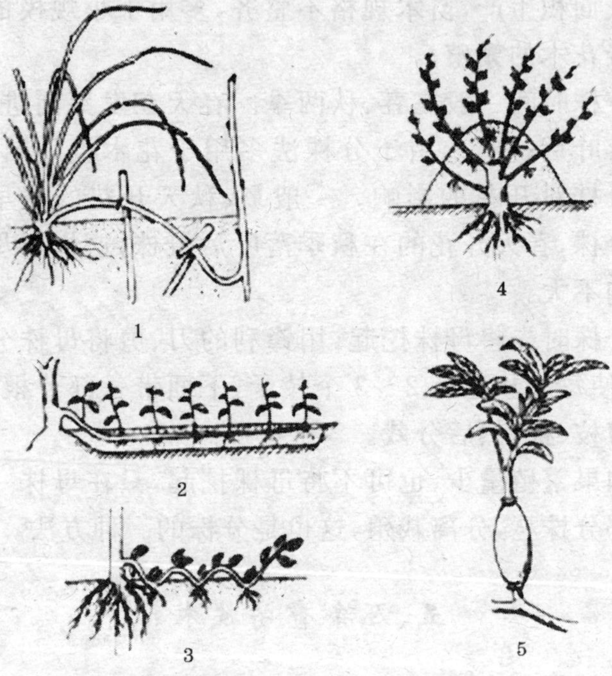

图 3-5　压条的各种格式

1. 堆土压条　2. 偃枝压条　3. 波状压条　4. 水平压条　5. 空中压条

条高至 15～20 厘米时，用土压埋，使之生出自生根，切离母株，形成一株能独立生活的苗木。

**(2) 偃枝压条**　早春树木开始发芽前，将靠近地面、具有弹性的枝条，在准备让其生根处，刻伤或环剥，然后压入开好的沟穴中，上面覆土厚 10～15 厘米，先端露出地面，用支柱绑缚，使之向上，生根后，剪离母体，成为独立的苗木。此外，还有水平压条，放射状压条和波状压条等。

**2. 高压法(空中压条)** 对木质坚硬,枝条不易弯曲,或树冠过高无法进行低压的树种,应采用高压法。先在准备让其生根处把表皮刻伤,深达形成层,然后用肥沃而湿润的土壤,填充于伤口周围,外面用塑料薄膜或对开的竹筒包扎好,经常保持湿润,生根后与母体分离,再培育成健壮苗木。

## (二)压条后的管理

压条后应保持土壤适当湿润,冬季在寒冷地区应覆草,避免受寒冻害。随时检查土中的压条是否露出地面,如已露出应重压,留在地上的枝条若生长太长,可适当剪去顶梢,并在生长期内(尤其在初期)经常保持湿润、通气和适当的温度等条件,能良好生根,顺利成苗。

分离压条苗的时期,以根的生长状况为准,若有良好的根系生成,即可与母树分割。对于较大的枝条应分 2～3 次切割。初分离的植株应注意灌水、遮荫等,不耐寒的植物还应移入温室越冬。

压条法比扦插法简单易行,成活率高,但效率较低,一次难以生产大量苗木,不适合大规模经营。

# 第四章　苗木的抚育管理技术

## 一、苗木的水肥管理

### (一)水分管理

水是植物的命脉，植物的光合作用，植物的生长发育，都离不开水的参与。但幼苗的组织嫩弱，对水的要求很严，缺水时苗木会发生萎蔫，渍水时又会发生根部腐烂。因此，苗木的水分管理十分重要。

**1. 灌溉的时间和灌水量**　灌溉的时间和多少，因季节、土壤类型、树种特性而有不同。如夏季中午气温很高，灌溉宜在清晨或傍晚；冬季气温低，则宜在中午；春、秋季则宜在上、下午。高温干旱天气，每天需灌水 2～3 次；雨季灌溉应适当停止。沙质土比黏质土灌水量要大，次数要多。有些树种，如白榆、合欢、泡桐、木槿等，幼苗根系较发达，又较耐旱，灌水的量和次数，可适当少些；池杉、垂柳、枫杨等幼苗根系发育较慢，又较耐湿，灌水的量和次数都要多些。

**2. 灌溉的方式和方法**

**(1)沟灌**　又称侧方灌溉，适用于高床或高垄作业，水从灌溉渠道引入畦沟，从床、垄的侧方渗入。沟灌的优点是床面土壤不易板结，省工易行。缺点是耗水量大，渗水不均匀。

**(2)漫灌** 又称上方灌溉，适用于低畦苗床。水直接引入苗床，水从苗床流过，渗入土中。漫灌的优点是用水较少，但土壤容易板结，苗木会受到泥沙污染。

**(3)喷灌** 又称人工降雨。是利用管道和喷水装置，由人工或自动控制灌溉的时间和灌水多少。喷灌的优点是省工、省水、高效、不破坏土壤结构。不需要修设地面渠道。但一次性投资较高。

**(4)滴灌** 滴灌是利用输水管道和滴头，将水或营养液滴进苗木根系吸水范围的土壤中。优点是省工、省水，比喷灌还节水 30%～35%，土壤不会板结。但一次性投资高。

**3. 苗市生长期与灌溉**

**(1)苗木生长初期** 幼苗小，根系短，伸入土层浅，此时只要保持土壤湿润，就可满足幼苗对水分的需要。因此，灌水宜少量多次。

**(2)苗木速生期** 苗木茎叶快速生长，水分蒸腾量加大；同时，根系也逐渐深入土中。因此，该时期灌水量要加大，次数可以减少。

**(3)苗木生长后期** 此期苗木生长逐渐缓慢，组织逐渐充实，枝干逐渐木质化。此时，要减少灌溉次数和水量，避免苗木徒长。一般苗木，在霜冻前，应停止灌溉。

**4. 排水** 雨后积水和灌溉后的尾水，应及时排除，不能使苗圃渍水，特别在地势低洼的苗圃地，播种不需水湿的松、柏、广玉兰、合欢、紫荆等的种子，幼苗期如遇水涝，很难成活。

### (二)合理施肥

凡是施入土壤中或喷洒于植物茎叶部分，能提供植物生长、发育养分的物质，都叫肥料。

**1. 肥料种类**　肥料的种类很多，主要分为有机肥和无机肥两大类。有机肥包括人粪尿、厩肥、堆肥、绿肥、饼肥、泥炭、河泥、垃圾废品等。这些有机肥含有多种营养元素，肥效长，在苗木生长过程中，可源源不断提供养料，改善土壤的理化性质。但有机肥的营养成分和数量并不能完全满足苗木生长需要，因此在苗木的培育过程中，还要适当补充一些无机肥料。如各种化肥、颗粒肥、草木灰、骨灰、石灰及微量元素铁、硼、锰、镁等，无机肥成分单纯，含量高，肥效快。

绿化苗木培养过程中，所需要的肥料主要是氮、磷、钾三种。氮肥如尿素、硫酸铵等化肥和腐熟的人粪尿、厩粪、饼肥等。氮肥的作用，是促进苗木生长，枝叶繁茂。磷肥有钙镁磷肥、过磷酸钙、骨粉和鸡粪、腐熟的淘米水等。磷肥可以促进苗木生根。钾肥有氯化钾、硫酸钾、草木灰等，钾肥可以促进植物体健壮和根系发展。

**2. 施肥方法**　施肥分基肥和追肥两种。基肥是在种植前结合土壤改良进行，在整地翻耕时施入土中。主要用腐熟的有机肥。一般每 667 米$^2$ 施饼肥 100 千克或厩肥、堆肥 4 000～5 000 千克。为了调节土壤酸碱度，有时要施用石灰或硫黄，与有机肥一起施入。如土壤缺磷，每 667 米$^2$ 可施入 10～15 千克的过磷酸钙。若土壤缺钾，可适当加施草木灰。

追肥有土壤追肥和根外追肥两种。土壤追肥主要在苗木速生期，追施氮肥，以补充基肥不足，可视苗木生长情况，施 2～4 次，每次每 667 米$^2$ 施尿素 3～8 千克，或碳酸氢铵 5～10 千克。速生期后，不再施追肥，以免苗木贪青徒长。

根外追肥，是根据苗木的需要，采用溶液喷雾的方法，对苗木叶片喷施部分化肥或微量元素。一般化肥采用0.2%～0.5%、微量元素采用0.1%～0.2%的浓度，根外追肥效果好，收效快。

## 二、中耕除草

中耕的作用主要是增加土壤的通气性，有利于根系的呼吸和生长，切断土壤毛细管上升水，减少土壤表层水分蒸发，在盐碱地区，可减少土壤返盐碱现象，使土壤疏松，有利于好气细菌分解有机质，增加土壤肥力。

中耕一般与除草结合进行，但中耕并不完全是为了除草，如苗圃地无草，或用化学除草剂除草，中耕仍然是苗圃管理不可缺少的措施。特别在灌溉或降雨后，土壤板结，必须及时中耕松土。

中耕除草的作业方式，主要有人力和机械两种。

### （一）人力中耕除草

人力中耕除草，在当前中、小型苗圃，还是主要的方式，特别是小苗区和较小的苗床，机械不便使用的地块，还是离不开人力方式。人力中耕除草，劳动强度大，工作效率低，如何改进，还有待探索。

### (二)机械中耕除草

机械中耕除草，主要用于行距在一米以上的大苗或移植苗区。利用小型拖拉机、手扶拖拉机配带耕、耙、旋等农机具，穿行行间，进行翻土、松土作业。

此外，还有畜力中耕除草方式，是用畜力牵引农机具，如三齿耘锄、中耕器等进行中耕除草工作。对一些中、小型苗圃还可适用。在大型苗圃已被机械所代替。

## 三、苗木移植技术

苗木移植是指把生长拥挤的较小苗木，从原来的育苗地挖起，扩大行株距，栽到移植区内，以增加苗木的营养空间，改善通风透光条件。同时，在移植时要切去部分主根和侧根，可促进须根的发展，增强苗木对水和土壤营养的吸收功能。

### (一)移植苗的苗龄和移植次数

移植苗的苗龄长短，取决于经营目的和苗木生长的速度以及苗圃地条件而定。一般苗龄愈长，移植的次数愈多。绿化用的阔叶树种，在播种或扦插一年后进行第一次移植，以后每隔 2～3 年再移植一次，以扩大行株距。如行道树、庭荫树，需要大苗出圃，可进行第三次甚至第四次移植。在出圃时，对移植苗的苗龄和移植次数，常用两个或三个数字来表示。如该苗木播种或扦插后生长一年，第一次移植后又生长一年，进行第二次移植，再生长两年出圃，可用 1-1-2 来表示，它的苗龄即三个数字相加为 4 年生。也可改写为 4-2，其中前一个数字表示苗龄，后一个数字表示移植次数。如 3-1 为经一次移植的三年生苗，2-0 为未经移植的二年生苗。

**（二）移植时间**

一般阔叶树苗移植多在苗木休眠的晚秋至早春进行；常绿树种也可在生长季节进行。常绿阔叶树和针叶树苗可选择雨季的阴天或晴天无风的清晨或傍晚进行。切忌雨天或土壤太湿时移植，这时土壤泥泞，根系不易舒展，又会破坏苗圃地的土壤结构。晴天中午阳光太强时移植，会使苗木根系晒枯，影响移植后的成活。

**（三）移植方法**

为了提高移植成活率，应随起苗、随移植。为了移植后苗木生长整齐，便于管理，移植前应进行分级，按级分区栽植。移植前，对苗木还应适当修剪，对过繁的枝叶和过长的主根，要适当修枝、截根，对起苗时劈裂无皮的根和枯枝、病枝，都应剪去，剪口要平整。移植的苗，如不能立即栽植，要在背风阴凉湿润处假植，切不可裸根暴晒。

移植的行株距，应根据苗木大小和生长快慢和枝叶、根系扩展范围以及移植后留床年限等来确定。

移植的方法，大面积移植，采用移植机，可保证移植的时间和质量。但目前还是多采用人工移植。根据苗木大小、根系长短和工具条件，主要采用穴植和沟植两种方法。

**1. 穴植法**　适用于移植大苗或移植后较难成活的苗

木。穴植先按移植的行株距进行挖穴。穴的大小和深度，主要根据苗木根系幅度和长度来确定，以根系能舒展，不致卷曲为原则。

**2. 沟植法**　适用于小苗和一般苗木。按行距开沟，沟宽和沟深应按苗木根系幅度和长度而定。沟开好后，将苗木按株距放入沟中，然后填土栽好。

无论何种方法移植，都必须注意对苗木根系和枝叶的保护，不要受到损伤。移植前如苗圃地土壤干燥，应在2～3天前进行灌溉，使土壤湿润，便于起苗。移植后，要立即灌水，使根系与土壤密接。

## 四、苗木的整形修剪技术

苗木的整形修剪，是根据各种树木的生长发育规律，以人为的技术手段，调节其生长势，达到快速育苗、育高质量苗的重要措施之一。

### （一）苗木整形修剪的方法

苗木整形修剪主要有抹芽、摘心、短截、疏枝、缩剪、伤枝、平茬截干、截冠等方法。

**1. 抹芽**　有些树种的苗木，萌芽力特别强，若任其全部抽条，不仅水分营养难以供应，而且树形也将被破坏。因此，对这类苗木，应及时将枝条下部的芽全部抹去，仅留枝条上部约占枝条1/3的芽，促使其发育成新枝，形成理想树形。

**2. 摘心**　摘心是剪去枝梢的顶端，控制它的延长生长，以调整各主枝的长势，达到树冠匀称生长的目的。另外，对抗寒性较差的树种，也可用摘心的方法，促使其停止伸长生长，安全越冬。

**3. 短截** 短截是将枝条的一部分剪去。短截后，可促使剪口下的芽萌发，在育苗中常采用重短截的方法，即剪去侧生枝条的大部分，以培育主干枝。

**4. 疏枝** 疏枝是将过多的枝条，从基部剪去，以利于苗木养分集中和通风透光。

**5. 缩剪** 缩剪是将新长出较弱的主枝或侧枝，回缩到 2 年生或多年生的枝条，使之复壮，以改造整体树形。对花灌木幼苗，常用此法整形。

**6. 伤枝** 用刻伤、环割、拧枝、扭梢等措施，以削弱部分枝条的长势。促使受伤枝条下部营养积累充分，多开花、早开花、多结果。盆景造型中多常用此法。

**7. 平茬截干** 有些树种，因 1～2 年生的苗干不够理想，采用从地面 5～10 厘米处剪掉，促使其萌出新的徒长干。因根部营养充足，新主干特别挺拔。如杜仲、栾树、泡桐、国槐等常用此法培养高干树形。

**8. 截冠** 从苗木主干 2.5～2.8 米高处，将树冠全部剪去。截冠整形修剪，多用于无主轴、萌芽力强的落叶乔木，如国槐、栾树、鸡爪槭等。通过截冠后分枝点的高度一致，列植、群植时，可形成统一的景观效果。

### (二)苗木整形修剪的时期

苗木整形修剪的时期，一般分为休眠期整形修剪和生长期整形修剪两个时期。

**1. 休眠期整形修剪** 落叶树木，自秋季落叶后至春季萌芽前(12月至翌年2月)进行。具体时间，因树种生态习性不同而有差异，但都应在落叶后的两周至萌芽前的两周之间。其中有伤流的树种，如悬铃木、桃花、葡萄等，更应在萌芽前一个月完成修剪。修剪太晚，可能引起伤流。对一些抗寒性较差的树种，如合欢、樟树、杜鹃花等应在早春萌芽前10天左右进行，避免风寒危害。

**2. 生长期整形修剪** 有些落叶树木，除休眠期整形修剪外，还需在4～10月生长旺盛期间，再进行1～2次整形修剪。经修剪后，因部分枝叶减少，长势明显削弱，对调整树形起重要作用。对常绿树种来说，没有明显的休眠期。也可在生长期进行整形修剪。

总的来说，休眠期的整形修剪是主要的。修剪量大的工作，如短截、缩剪、平茬截干、截冠等，都应在休眠期进行。而疏枝、摘心、抹芽等修剪量小的工作，也可在生长期进行。

### (三)行道树、庭荫树大苗的整形修剪

常绿的松类、落叶的银杏、水杉、池杉和香椿、杨树等顶端优势明显，不易出现竞争枝，注意保护好主梢，适当疏剪下部侧枝即可。侧柏、圆柏、国槐、柳树等顶端优势不明显，容易出现竞争枝、双杈枝，应及时将竞争枝、双杈枝剪去，培养单主干。如主干低矮弯曲，生长势弱，可在冬季采取平茬截干措施，使它重新萌生出徒长高大主干。

### (四)园景树大苗的整形修剪

园景树大苗的整形修剪，因树种的生长习性和绿化

用途不同，主要有以下五种形式：

**1. 多干式** 如月季、贴梗海棠、麻叶绣球等，应早期剪去苗木主干，使其从地表萌生3～5个骨干枝条，多余枝条剪去，秋后，将枝条留30厘米长短截。越冬后，再长出分枝，即形成多干式灌木。

**2. 丛生式** 如棣棠、紫荆等，通过分蘖、扦插繁殖的苗木，移植时，从20厘米左右高处短截，促使从地表萌发出众多枝条，全株短矮丛生状。

**3. 单干圆头式** 如红叶李、碧桃等，移植后第一年先养主干，冬季修剪时在80～100厘米高处定干。待第二年萌芽后，再选长势旺盛、分布均匀、角度适合的3～5个主枝，其余枝条全部剪去，到冬季主枝留30厘米左右再进行短截。经两年整形修剪即可养成单干圆头式。

**4. 攀缘式** 如紫藤、爬山虎、凌霄等，其主干不能直立，必须依附支架，才能向上伸长。对这类藤本植物整形修剪时，每株应选留3～5个粗壮枝条，其余弱枝繁枝可剪去。对卷须、卷蔓要注意保护，备作攀附器官。

**5. 圆球式** 通过多次摘心和修剪，控制主干和强盛侧枝的突出生长，使苗木形成稠密、粗细匀称的侧枝，整个树冠成圆球形或扁球形。如大叶黄杨、海桐、红檵木等，可采用圆球式整形。

## 五、苗木的防寒防暑技术

苗木因组织幼嫩，对气候变化不如成年树木适应性强；特别是从南方或北方原产地气候与繁殖地气候相差较大的树种，更容易在育苗期受到严寒、酷暑的危害。因此，必须有针对性地采取防寒或防暑的措施，才能让苗木不致受害。

**（一）苗木寒害及其预防**

**1. 苗市受寒害的表现**　苗木受寒害的表现有三种：一是因低温使苗木细胞冻结，导致死亡。二是因低温土壤中水分结冰，苗木根系无法吸收而引起苗木失水干枯而死亡。三是因土壤结冰开裂，将苗木根系拉断，经风吹日晒而死亡。

**2. 预防寒害的措施**

**（1）覆盖法**　在霜冻到来之前，用稻草、落叶、马粪、锯末、草席、蒲帘等，将苗木完全覆盖，以提高地温和保持土壤湿度。

**（2）培土法**　进入冬季休眠的苗木，可在苗木的基部四周培土，保护苗木根颈和提高土壤的温度。如是小苗，可将苗木全部用土覆盖。

**（3）塑料棚防寒**　用塑料薄膜，搭成棚架防寒，有的还要在大棚内再加设拱棚，加强防寒作用。

**（4）涂白防寒**　在苗木茎干下部涂上一层涂白剂起到防风、保温、保湿和防虫的作用。其配方是：熟石灰5千克、硫黄1千克、盐1千克、面粉2千克、水20升。若过于黏稠，可加温水稀释。

**（5）灌水防寒**　灌水可使地温提高2℃以上，入冬前灌足底水防霜冻。

**（6）设防风障**　对抗寒能力较弱的大苗，可在苗床的西北方向设立风障。风障材料用聚乙烯彩条编织布。其防风有效距离为风障高的10倍。

**(7)假植防寒** 一些抗寒性较差的树种小苗，在入冬前掘起，分级入沟或入窖假植，待翌年春季移植。

此外，采用浅耕和密植，也能起到一定的防寒保湿作用。

以上防寒措施，应因地、因树种选择采用，有的要综合使用，才有显著效果。

**(二)苗木暑害及其预防**

幼苗生长初期，细胞组织幼嫩，尤其原产于高海拔或冷凉地区和耐阴树种的幼苗，在高温、干燥、强光照环境下，很容易引起灼伤、干枯死亡。因此，应采取一些有效措施防暑降温，使苗木正常生长。其主要措施有以下四种：

**1. 搭荫棚** 荫棚分为上方遮荫和侧方遮荫两类。上方遮荫又分为平顶式、斜顶式和拱顶式三种。生产上多采用上方遮荫平顶式荫棚。荫棚高40～60厘米，上盖苇帘、竹帘、遮阳网等。荫棚透光度，要求达到50%左右。遮荫时间一般从上午9至下午16时，其余时间或阴雨天气，都应揭除。随着苗木长大，遮荫时间可逐渐缩短。待苗木枝干木质化程度较强、气温稳定在35℃以下时，荫棚即可撤除。

**2. 喷灌降温** 用电子自动喷雾设施，在高温时间隙性喷雾，降温效果很好。既不会影响太多的光照，又可以增加土壤湿度和空气湿度。

**3. 间作遮荫** 将易受日灼暑害的小苗，种在耐暑耐旱树种的大苗行间，可减轻小苗的暑害。

**4. 提早播种**　有些树种，在播种之前，采取温水浸种和湿沙拌种等措施催芽，提早播种出苗，使初生幼苗，在盛夏高温到来之前，已长大木质化，增强了抗热能力。

以上防暑措施，应因地因树种选用，有时要综合几种措施，以提高防暑效果。

## 六、苗木常见的病虫害防治技术

### (一)苗木的病害与防治技术

苗木的病害，分为侵染性病害和非侵染性病害两大类。两类病害，一旦在绿化苗圃中发生，如不及时防治，都可能造成部分苗木毁灭性灾害。在育苗过程中必须随时注意。

**1. 常见侵染性病害及其防治**

(1)立枯病　又叫幼苗猝倒病，是一种世界性病害。

①危害树种　银杏、石楠、榆树、松属、棕榈等多种树木幼苗。

②危害症状　为真菌性病害。危害幼苗根部，呈水渍状或暗褐色，以后蔓延到茎叶，多发生在幼苗出土后一个月内，高温高湿环境下。患病后，茎叶枯黄下垂，迅速死亡。在幼苗较大、茎枝木质化后，病株表现为枯死而不倒，故称立枯病。

③防治方法

第一，选用地势较高，排水良好的沙土地作苗圃。

第二,土壤消毒。10%多菌灵可湿性粉剂,每 667 米$^2$用 5 千克,与细土混合,药与土的比例为 1∶200。也可用 40%甲醛溶液 50 毫升,加水到 8～12 升浇灌土面;还可用五氯硝基苯与代森锌或敌磺钠,按 3∶1 配比,用量 4～6 克/米$^2$,以药土沟施。

第三,幼苗出土后,可喷洒 50%多菌灵可湿性粉剂 500～1 000 倍液,或 1∶1∶120 倍波尔多液,每隔 10～15 天喷洒一次。

**(2)根结线虫病**

①危害树种　柳树、栀子花、泡桐、悬铃木、梓树、桂花、梅花、桃花等。

②危害症状　为线虫类病害。病株侧根和细根,根皮畸形生长,形成许多大小不等的瘤状物。初呈黄白色,后变褐色,最后根系腐烂,使地上部生长衰弱,严重时,植株死亡。

③防治方法

第一,土壤消毒。用 20%的二溴氯丙烷 5～8 克/米$^2$,或用 4%的涕灭威颗粒剂 20 克/米$^2$,还可用克百威颗粒剂 15～20 克/米$^2$,进行土壤消毒。

第二,发病期可施用 10%克线磷,用量为 60 克/米$^2$。

**(3)白粉病**

①危害树种　桃花、月季、木槿、木芙蓉、丁香、葡萄、牡丹、紫薇等。

②危害症状　为真菌性病害。发病初期,叶两面产生白色圆形小粉斑,以后病斑变为灰白色霉层,然后受害

部位出现小黑点，使幼苗矮小、叶片扭曲，枝条变形，严重时整株死亡。

③防治方法

第一，结合修剪，剪去病枝、病叶，集中烧毁，以免传播。

第二，发病初期，可喷施50%多菌灵可湿性粉剂800～1 000倍液，或70%甲基硫菌灵可湿性粉剂800倍液，或25%三唑酮可湿性粉剂1 000～1 500倍液，或40%氟硅唑乳油6 000～8 000倍液。

第三，交替喷施47%加利农可湿性粉剂500～600倍液、40%氟硅唑乳油8 000～10 000倍液。

**(4)黄锈病**

①危害树种　松树、圆柏、月季、玫瑰、贴梗海棠、毛白杨、黄杨等。

②危害症状　为真菌性病害。危害叶片、芽、嫩枝等部位。发病初期，叶片正面出现黄绿色小点，以后逐渐扩大成橙黄色油渍状斑。病斑着生处的叶背面，生出黄色须状物，即为锈孢子器，锈孢子器破裂后，散出大量黄褐色粉末，即为锈孢子。此时病斑变黑，传到圆柏枝叶上越冬。

③防治方法

第一，锈病疫区，应避免与转主寄主圆柏混栽。

第二，结合苗圃清理及修剪，及时将病枝、病叶剪去，集中烧毁，以免传播。

第三，如苗圃近旁有圆柏植株，应喷洒1∶2∶100倍的波尔多液，杀灭圆柏枝叶上的锈病越冬孢子。

第四，发病初期喷洒15%三唑酮可湿性粉剂1 000～1 500倍液，每10天喷洒一次，连喷3～4次；亦可选用12.5%烯唑醇可湿性粉剂3 000～6 000倍液，50%二硝散200倍液，47%丙环唑乳油4 000倍液、97%敌锈钠可溶性粉剂250倍液喷洒防治；还可用40%氟硅唑乳油8 000～10 000倍液喷雾防治。

**(5)黑 斑 病**

①危害树种　多种杨树、月季、樱花等多种蔷薇科植物。

②危害症状　为真菌性病害。发病初期，在叶片上出现水渍状绿斑，后期病斑上生出墨绿色突起的小毛点，幼苗嫩枝和顶梢染病后变黑死亡。

③防治方法

第一，秋、冬季，彻底清除病株残叶、枯枝及地下病叶，集中烧毁，消除病原。

第二，注意排水，减少灌溉，降低土壤湿度。

第三，展叶期，喷洒50%多菌灵可湿性粉剂500～1 000倍液，或70%甲基硫菌灵可湿性粉剂1 000倍液，或75%百菌清1 000倍液，或80%代森锌可湿性粉剂500倍液，或50%杀菌王可溶性粉剂1 000倍液。每隔7～10天喷一次，共喷2～3次。

第四，休眠期喷施3～5波美度的石硫合剂。

**(6)褐 斑 病**

①危害树种　月季、黄杨、贴梗海棠、栀子花等。

②危害症状　为真菌性病害。主要危害叶片，先从植株下部叶片发病，逐渐向上部叶片蔓延。感病初期，病叶出现淡黄色小点，扩展为黑褐色圆形、菱形或长条形不规则斑块。严重时病斑连结成片，叶片变黑枯死。

③防治方法

第一，及时清除病枝、病叶，集中烧毁，消灭病原。

第二，发病初期喷洒 50%退菌特可湿性粉剂 600～800 倍液，或 0.5%～1%波尔多液，或 50%代森锌可湿性粉剂 1 000～1 500 倍液，或 25%百菌清可湿性粉剂 500 倍液。每 7～10 天喷洒一次，共喷 2～3 次。

**(7)炭 疽 病**

①危害树种　玉兰、山茶、葡萄、桂花、栀子花等。

②危害症状　为真菌性病害。多发生在叶尖和叶缘。发病初期，出现圆形或椭圆形红褐色病斑，病斑上有许多黑色小点。在叶背面，病斑沿叶脉扩展成多角形或长条形，严重时，叶片枯黄，苗木枯死。

③防治方法

第一，及时剪去病叶烧毁。

第二，加宽苗木行株距，保持通风透光。

第三，发病初期，喷 50%多菌灵可湿性粉剂 500～600 倍液，或 50%硫菌灵可湿性粉剂 500～600 倍液，或 75%百菌清可湿性粉剂 500 倍液。

**(8)霜 霉 病**

①危害树种　月季、桃花、梅花、葡萄等。

②危害症状　为真菌性病害。主要危害叶片和新

梢。发病初期，叶面出现不规则浅绿色斑块，以后逐渐扩大，并呈黄褐色或暗紫色，最后为灰褐色，边缘颜色较深。病叶背面，可见到灰白色霜霉层。严重时，叶上病斑连成片，致使叶片枯萎脱落，新梢枯死。

③防治方法

第一，播种繁殖，要从无病植株上采种。

第二，播种前，进行土壤消毒。

第三，发病早期及时喷洒 1∶2∶200 的波尔多液，或 25%甲霜灵可湿性粉剂 600～800 倍液，或 40%乙膦铝可湿性粉剂 200～300 倍液，或 40%百菌清悬浮剂500～1200 倍液，或 72%霜脲·锰锌可湿性粉剂 600～800 倍液，或苯霜灵乳油 300～400 倍液。

**2. 常见非侵染性病害及其防治** 非侵染性病害，又称生理性病害，是由不良的环境因素或植物体本身营养不平衡所引起的植物病害。如地面高温灼热引起的暑害，天寒地冻引起的冻害，连绵降雨或灌水过量、排水不畅引起的涝害，盛夏烈日高照引起的日灼，过度遮荫、缺乏光照引起的幼苗黄化，土壤含盐碱过量、pH 值偏高引起的盐碱害，喷药或施肥过量或浓度过高引起的药害和肥害，苗木缺乏某种营养元素引起的缺素病，空气中有毒气体的污染引起的毒害等，这些非传染性病害，通常在苗圃中成片发生，没有寄生生物，没有传染性，且病株是全株表现症状。诊断时，要全面观察，切勿与传染性病害混淆。

非侵染性病害的防治方法，最根本的是选好苗圃地，同时还要掌握所育种苗的生态习性，合理采用育苗的各项技术措施，使苗圃环境适合苗木的生长发育。当病害发生后，首先找出病因，然后及时消除该项致病因素。

**(二)苗木的虫害与防治技术**

对植物有害的昆虫称为害虫。根据害虫的食性和对苗木危害的部位，可分为根部(地下)害虫、食叶害虫、吸汁害虫和枝干害虫四大类。

**1. 根部(地下)害虫**　这是危害苗木最严重的一类害虫，如蝼蛄类、地老虎类、蛴螬类、金针虫类等。

**(1)危害树种**　牡丹、榆树、香椿、毛白杨、加拿大杨、旱柳、垂柳、丁香、贴梗海棠、国槐、紫荆、葡萄等多种苗木。

**(2)危害症状**　吃食播下的种子，啃吃幼苗的根系和近地面的茎部，使幼苗倒伏、干枯死亡。

**(3)防治方法**

①整地防虫　采取深耕苗圃地，清除杂草，不施未腐熟的有机肥，以消除地下害虫滋生繁殖的环境。

②人工捕杀　夏季在蝼蛄产卵盛期，结合中耕，发现卵洞口时，向下挖 10～20 厘米，找到卵室，将蝼蛄和卵粒集中杀灭。

③灯光诱杀　利用黑光灯、糖、醋、酒液诱杀，即在黑光灯下放置盛水缸或盆，撒上少量敌百虫或机油。糖醋酒液配方为：白糖 6 份，米醋 3 份，白酒 1 份，水 2 份。天黑后，放在苗圃地上，天亮捡出虫子深埋。

④药物防治　用 50％辛硫磷乳油和 25％对硫磷微胶

囊缓释剂拌种，或用25％辛硫磷微胶囊缓释剂拌种。也可用2.5％敌百虫粉和细土，每667米$^2$使用敌百虫1.5千克，与细土22.5千克混匀，撒在苗圃地上。虫情严重时，可用90％敌百虫800～1 000倍液，或用50％辛硫磷乳油1 000倍液喷洒，还可用粉碎的豆饼、棉籽饼或麦麸40～50千克炒香后用50％辛硫磷或马拉硫磷乳油1千克稀释5～10倍液，搅拌均匀，按每667米$^2$ 2～2.5千克的毒饵撒入苗圃诱杀。

**2. 食叶害虫** 如刺蛾类、尺蛾类、毒蛾类、舟蛾类、枯叶蛾类、灯蛾类、叶甲类、叶蜂类等。

**(1)危害树种** 月季、国槐、杨树、柳树、榆树、樱花、梅花、桃花、丁香、爬山虎等。

**(2)危害症状** 幼虫啃食苗木的叶片，呈孔状或缺裂。严重时，可将叶片吃光，影响苗木生长发育，甚至死亡。

**(3)防治方法**

①冬季掘蛹 刺蛾类、尺蛾类、舟蛾类、灯蛾类以蛹在土中越冬，可结合苗木养护，从晚秋至早春，掘土灭蛹。

②消灭越冬幼虫 毒蛾类、枯叶蛾类、叶蜂类，以幼虫状态越冬，可在冬季来临之前，在苗床放置草束诱集幼虫钻进草里越冬，在春季幼虫上树以前，将草束烧毁，把幼虫消灭。

③灯光诱杀 在成虫羽化盛期利用黑光灯诱杀，方法同前。

④药物防治 在幼虫阶段，用90％敌百虫晶体800～

1 000 倍液，或 50%杀螟松乳油 500～800 倍液、50%辛硫磷乳油 1 500～2 000 倍液，或马拉硫磷乳油 1 200 倍液，或 80%敌敌畏乳油 1 200～1 500 倍液，或 20%氰戊菊酯乳油 2 000 倍液均有良效。

**3. 吸汁害虫** 此类害虫有蚜虫类、叶蝉类、介壳虫类、螨类、木虱类、蝽类等。

**(1) 危害树种** 圆柏、罗汉松、杨树、柳树、枫杨、月季、桃花、梅花、红叶李、贴梗海棠、紫荆、牡丹、绣球、扶桑、木槿、石榴、夹竹桃、山茶花、女贞、海桐等。

**(2) 危害症状** 虫体以刺吸式口器吸取植物枝、叶汁液，造成枝叶枯萎，甚至整株死亡。其排泄物还可诱发病菌传播。

**(3) 防治方法**

①清除越冬杂草，消灭虫源。

②结合修剪，剪去受害枝叶，集中烧毁。

③结合翻耕整地，冬季灌水，降低地温，杀灭土中越冬虫卵。

④灯光诱杀：叶蝉类成虫危害期，可用黑光灯诱杀。

⑤药物防治：用 40%氧化乐果乳油 1 500～2 000 倍液，或 50%杀螟硫磷 1 000 倍液，或 80%敌敌畏乳油 3 000 倍液。蚜虫类，还可用 50%灭蚜松乳油 1 000～1 500 倍液，或 50%抗蚜威可湿粉 7 000 倍液防治。叶蝉类，还可用 50%叶蝉散乳油 1 000～1 500 倍液防治。螨类，还可喷 1%螨虫清乳油，或 0.5%螨虫立克乳油 2 500～3 500 倍液，或 1.8%螨虫多克乳油 6 000～8 000 倍液喷洒均有效。

**4. 枝干害虫** 此类害虫有天牛类、透翅蛾类等。

**(1)危害树种** 毛白杨、加拿大杨、旱柳、垂柳等杨柳科树种。

**(2)危害症状** 以幼虫蛀食枝干，特别是枝梢部分，使被害处形成纺锤状瘤，阻碍养分的正常上下运输，导致杆梢干枯。透翅蛾蛀食枝干，使苗木上出现虫瘿肿瘤。天牛类如在主干髓部为害，可使整株死亡。

**(3)防治方法**

①在成虫发生前，在树干基部 80 厘米以下，用石灰 10 千克、硫黄 1 千克、动物胶适量、水 20～40 升的配方刷白。可预防成虫爬上树枝刻槽产卵。

②人工捕杀：找到天牛产卵槽，用硬物击杀卵块；或发现新鲜粪屑，用小刀挑开枝干皮层，将幼虫杀死；或将飞翔力不强的天牛成虫捕杀。

③剪去被害枝梢，清除枯死被害苗木。

④灯光诱杀：成虫可用黑光灯诱杀。

⑤药物防治：用 80%敌敌畏乳油 500 倍液，注射入天牛蛀孔内，或用浸二硫化碳的棉球塞入蛀孔，外用黏泥封孔；或用溴氰菊酯等农药做成毒签，插入蛀孔中，毒杀幼虫。还可用内吸性药剂，如 50%杀螟松、80%敌敌畏等 100～200 倍液，喷洒受害树干，对杀灭成虫有效。

# 第五章　绿化树苗繁育新技术

## 一、植物激素的应用

植物激素是植物体内含有和人工合成的植物生长调节剂的总称。是一类高度生理活性物,其需要量很少,但对植物的生长发育和代谢作用却起着十分重要的调节作用。在苗木生产中,可通过添加某些激素来促进生根、打破休眠、培育壮苗等作用。植物激素(生长素)包括吲哚乙酸(IAA)、吲哚丁酸(IBA)、萘乙酸(NAA)和2,4-滴等。主要用于扦插不易生根的树种,用激素处理后,可促进插穗早生根、多生根。其中以吲哚丁酸效果最好,但价格较贵,通常将吲哚丁酸与萘乙酸混合使用,比使用单一生长素的效果要好,价格也不太贵。同时,要注意处理的浓度和时间,一般采用水溶液浸泡法,先将粉状药剂用少量酒精溶解,再用水稀释配成原液,然后根据需要配成不同浓度溶液处理硬枝,使用浓度为20～200毫克/千克,处理软枝为10～100毫克/千克溶液,快蘸3～5秒即可。浓度太高或时间太长反而抑制根的生长。

**表 5-1 用激素促进扦插生根处理方法举例**

| 树种 | 激素名称 | 浓度(毫克/千克) | 处理时间(小时) | 树种 | 激素名称 | 浓度(毫克/千克) | 处理时间(小时) |
|---|---|---|---|---|---|---|---|
| 雪松 | 萘乙酸(NAA) | 500 | 速蘸 | 榆树 | 萘乙酸(NAA) | 250 | 调入泥浆 |
| 水杉 | 萘乙酸(NAA) | 50 | 24 | 枫 | 吲哚乙酸(IAA) | 20 | 69 |
| 池杉 | 萘乙酸(NAA) | 100 | 15 | 毛白杨 | 萘乙酸(NAA) | 50 | 24 |
| 银杏 | 萘乙酸(NAA) | 50～100 | 24 | 山茶 | 萘乙酸(NAA) | 100 | 1～2 |
| 圆柏 | 萘乙酸(NAA) | 100 | 6 | 杜鹃花 | 吲哚丁酸(IBA) | 100 | 3 |
| 罗汉松 | 萘乙酸(NAA) | 500 | 速蘸 | 夹竹桃 | 吲哚丁酸(IBA) | 20 | 24 |

另外,ABT 生根粉是一种新型高效、无毒、广谱性生根促进剂,它有补充植物生根所需外源生长素与促进植物内源生长素合成的双重功能,能使不定根原基分生组织细胞分化,呈簇状暴发性生根。并能在插穗下切口形成保护膜,避免腐败菌的侵入,加速伤口愈合。

ABT 生根粉原有 1、2、3、4、5 五个型号,新近又推出 6、7、8、10 四个型号,但常用的是 1、2、3 号。1 号适用于难生根的珍贵树种的扦插育苗,如油松、白皮松、槐树、枫香、楸树等;2 号用于一般树种扦插育苗;3 号用于苗木移栽,促进损伤根系的恢复。一般速蘸浓度为 500～2 000

毫克/千克，浸泡为 50～200 毫克/千克，具体浓度和时间，依树种及扦穗种类不同而异。

## 二、除草剂的应用

使用除草剂除草，比起人工除草有简便、快捷、有效期长、效果显著、省劳力、省成本的优点。

除草剂按化学结构可分为无机除草剂和有机除草剂两大类。无机除草剂用药后可将所有植物杀死，但不杀伤栽培的苗木，所以又称灭生性除草剂。有机除草剂是由碳素化合物构成的，一般只杀灭杂草，不杀伤栽培的苗木，所以又称选择性除草剂。我国生产的除草剂绝大部分是有机除草剂。我国目前生产的除草剂有 100 多种，其中除草醚占总产量的 70%以上，其他在绿化育苗中使用较多的还有捕草净、杀草胺、杀草醚、丁草胺、百草枯、西玛津、敌草隆、莠去津、灭草灵等。

### (一)除草剂选用的种类和使用时间

各种除草剂的性质作用有很大差异，不同树种苗木对各种除草剂的敏感性也有差异。因此，杀草胺、杀草醚等触杀性除草剂在树种特别是针叶树种播种后，出苗前做土壤处理，可以将许多杂草幼苗杀死，而树种幼苗不会受害。

一般阔叶树种苗木对除草剂比较敏感，接触药剂容易产生药害，应选择残效短、药效快的除草剂作播种前或播种后发芽前的土壤处理，如五氯酚钠残效期只有 3～5

天，可在播种两周前做好苗床，浇透底水，诱发杂草种子萌发，然后施药，杀死全部杂草幼苗，再耙平床面播种，对苗木种子幼苗无药害。

某些大粒种子播种后需要较长时间萌发出土，如银杏要 40 天，棕榈要 50 天，女贞要 30～45 天。而杂草种子 3～5 天即可发芽出土，因而可在播种后施用捕草净、西玛津、丁草胺等残效期短的除草剂，将早期萌发的杂草幼苗杀死。

**(二)除草剂的用药量**

除草剂对不同树种、苗龄、不同草种、不同地区和环境同一种药剂用药量都有所不同，如常绿针叶树苗用药量高，阔叶树苗用药量低，落叶针叶树苗用药量中等；同一树种两年生以上苗或移栽苗药量高，当年生播种苗用药量低；对多年生大草、密草用药量高，对一年生小草稀草用药量低，在北方用药量高，在南方用药量低；气温低时用药量高，气温高时用药量低，干旱天气用药量高，降雨多时用药量低，黏土、肥土用药量高，沙土、瘠薄土用药量低。

常用除草剂的用药量：40％除草醚（粉剂）0.1～0.2 克/米$^2$，30％杀草醚（粉剂）1～2 克/米$^2$，20％枯草醚（油剂）0.5～2 毫升/米$^2$，50％扑草净（粉剂）0.1～0.2 克/米$^2$，50％西玛津（粉剂）0.1～0.2 克/米$^2$，60％杀草胺（油剂）0.5～2 毫升/米$^2$，60％丁草胺（油剂）0.1～0.25 毫升/米$^2$，50％莠去津（粉剂）0.1～0.2 克/米$^2$，25％灭草灵（粉剂）0.5～1.5 克/米$^2$ 等。

### (三)除草剂施用的方法

**1. 喷洒法**　将水溶剂或粉剂先用水溶解，再加足水量，用喷壶或洒水壶喷洒苗床。

**2. 喷雾法**　配制方法和喷洒方法相同，但用水量比喷洒法少。

**3. 喷粉法**　粉剂除草剂施用时加入重量轻、粉末细的填充物，用喷粉器喷施。

**4. 毒土法**　粉剂或乳剂，用含水量20%～30%的碎潮土，充分拌匀，撒施在苗圃地上，常用于播种前。

## 三、土面增温剂的应用

土面增温剂是一种覆盖型土壤保温保湿剂，其成品为褐色膏状物，加水稀释可变成乳状液。其有效含量30%，含水量70%，加水8～10倍稀释后喷在充分湿润平整的苗床上，几小时内即形成一层均匀的薄膜，在15天内不怕风吹、雨淋，在−5℃低温条件下质量不受影响。

土面增温剂多用于播种育苗上，也可用于扦插、嫁接苗的防寒及病虫害防治等方面。土面增湿剂在育苗上，可节省大量劳力和覆盖材料，特别在北方寒冷干旱地区，能达到提早播种，提高苗木生长量，减少幼苗病虫害，降低育苗成本的好方法。

土面增温剂在播种育苗上应用，要求苗床全面翻耕，土壤疏松细碎，床面平整。播种的种子要经过精选、消毒、催芽，并有很强的发芽力。

土面增温剂除用于播种育苗上，也可用于扦插和嫁接育苗上。将增温剂涂抹在插穗、接穗表面或上端切口上，可减少插穗、接穗的水分蒸腾，提高扦插、嫁接的成活率。在苗木防寒上，可代替覆草和盖土；在病虫防治上，可与农药混合起黏着作用，减少农药的挥发和雨水的淋失，提高药用效果。

## 四、容器育苗技术

容器育苗是利用纸、竹、稻草或塑料薄膜制成大小、形状不同的容器，装进火烧土、河沙、蛭石或其他材料配制的营养土作基质，进行播种、扦插等育苗的方式。

容器育苗有节约用地、节约种子，成苗快、产量高、质量好，便于运输、移栽成活率高等优点，因此很多苗圃都在采用。

目前，各地种苗经营部门有现成塑薄膜制成的容器出售，用户可根据需要选购。

### (一)营养土的配制

营养土是培养容器育苗的主要条件，营养土必须具备种子发芽和幼苗生长、扦插生根所需的各种营养，经多次浇水不易板结、保水性、排水性、通气性能好，重量轻，便于运输等条件，最好是林下的腐殖质土；另外，泥炭土、沼泽土和蛭石也很好，最好在使用前，先用80℃左右的温度进行短时间的土壤处理，这样土壤中的有机质不会被破坏，还可使之熟化，并可杀灭土壤中的虫卵、病菌、杂草种子，达到消毒目的。

营养土常用的配方有四种：①火烧土78%～88%，腐熟堆肥10%～20%，过磷酸钙2%。②泥炭土、火烧土、黄心土各1/3。③火烧土与山坡土或黄心土1∶1或1∶2。④泥土和粪土98%，过磷酸钙或钙、镁、磷、钾肥约占1%，再加入适量的杀菌、杀虫农药。

营养土如酸性太强，可能影响幼苗生长，可适当施用细石灰，进行中和。

### （二）播　种

容器育苗要求种子的纯度达到95%以上，发芽率达到90%以上，播前对种子要进行消毒和催芽。中、小粒种子，每个容器中要播1～2粒，大粒种子，只播1粒，播后用营养土或细沙覆盖，厚度为种子直径的1～2倍。并立即喷洒透水。出苗前后要经常喷水，保持营养土湿润，发现缺苗，要及时补种。

### （三）播后管理

除保持常浇水保湿外、应适量追肥，以满足幼苗生长需要，追肥以氮肥为主，适当配施磷、钾肥，也可用磷酸二氢钾或尿素作叶面追肥。同时，还要注意猝倒病、根腐病、立枯病及蚜虫等的危害，除进行场地及用具消毒外，每隔10～15天要喷施一次波尔多液、多菌灵、乐果等农药防治。

## 五、塑料薄膜育苗

塑料薄膜育苗，主要起到保温、保湿、防寒及防旱等人工改善育苗环境的技术措施。塑料薄膜育苗，主要有三种形式。

### (一)地膜覆盖育苗

地膜覆盖育苗技术简单、操作方便、成本低，苗木的产量和质量都比露地育苗有明显提高。

采用地膜覆盖育苗，要注意以下几个要求：一是要细致整地、施足基肥。二是做垄以窄垄为好，垄底宽 30 厘米，垄高 15 厘米，沟底宽 20 厘米，垄间距 50 厘米。垄顶采用圆头顶，能使地膜与垄面紧贴，且地膜上不存雨水。三是地膜要选用 0.015～0.02 毫米厚的聚乙烯薄膜，太厚的薄膜，不易与地面紧贴，很难提高土温，且成本要高。

地膜用于扦插育苗，是先扦插后覆膜，还是先覆膜后扦插，各有利弊。先扦插后覆膜，插穗必须全部插入地下，插穗顶端离地面 1 厘米左右，地膜紧贴地面，插穗发芽后，要及时打孔放苗，此法优点是土温高、发芽快、生根早、成活率高。缺点是打孔放苗比较费工，打孔不及时会发生烧苗现象。先覆膜后扦插，是在覆膜后，用与插穗粗细相近的木棍打孔，再把插穗插入孔中，插穗顶端留一个芽露在膜外，孔口用湿土盖严。此法优点是地膜紧贴地面，不需开孔放苗可省工，缺点是苗木与土壤接触不太紧密，发芽、生根较晚。

### (二)拱罩育苗

拱罩育苗是用竹片在苗床上弯曲成中间高、两侧低的拱架，一般中间高 40～50 厘米，然后覆盖塑料薄膜。

拱罩育苗在播种发芽前，原则上要密闭薄膜，以利于增温，当幼苗出土后，需增加空气流通时间，晴天白天要揭开薄膜两头，待气温稳定升高，苗木适应能力增强时，可及时撤除薄膜。

**(三)塑料大棚育苗**

选择交通方便、地势平坦、背风向阳、有灌溉条件的地方建造大棚。大棚一般长30～80米，宽10～16米，用轻角钢、铝合金管或竹、木条做构架，覆盖不易老化的农用聚氯乙烯薄膜，棚高2～2.5米，两侧边桩高1～1.2米，两端开门窗，棚顶每隔6～8米，开一直径60～80厘米的天窗，两侧开侧窗，天窗、侧窗均可自由开闭。

大棚育苗，主要要注意通风、光照和水肥管理。当气温在20℃～25℃时，晴天白天可开两端的门窗通风，当气温升至30℃左右时，除打开两端门窗外，中午还要打开天窗和侧窗，当上升至32℃～38℃时除开门窗外，还要揭开两侧的薄膜放底风，待下午气温降至25℃左右时，又要及时将薄膜和门窗关闭，以保持夜间温度回升。注意白天棚内温度不超过30℃，夜间不低于15℃最好。

塑料薄膜光线透过率一般为日辐射量的75%～80%，随着薄膜老化会逐渐降低，特别是冬季或阴雨天气，更会感到光照不足，可采用钠光灯或节能灯辅助照明。

大棚育苗，因棚内温度高，蒸发量大，幼苗需水量多，应适时灌溉，在苗木速生期，一般每天应灌溉3～4次，施肥应以氮肥为主，与灌溉配合进行，水肥比例约为200：1。

## 六、组织培养育苗

组织培养育苗指将植物活组织如茎尖、芽、叶、胚胎、花粉等，在无菌条件下，在适当的人工培养基中进行培养，使其增殖分化，最后长成完整植株的过程。

组织培养育苗，主要用于优良品种的快速繁殖，无病毒苗木的培养、种质资源的保存，新品种的选育、远缘杂交不亲和性障碍的克服、单倍体的获得等方面。

组织培养育苗，大致分为三个步骤，①选好材料并严格消毒灭菌。②接种时要在洁净无菌的工作台上操作。③试管中的培养苗移植到土壤中，经细致管理培养成大田苗，其操作过程和培养基的配制都相当复杂，本书不作详细介绍，请参阅相关资料。

## 七、无土育苗技术

无土育苗是绿化苗木繁殖技术的一项重大改革，它不是在土壤中培养苗木，而是选用通气、保温、保湿性能良好的材料来作为培养固定苗木的基质，用人工配制的营养液，来满足幼苗生长发育所需的各种营养元素。

无土育苗的优点是苗木生长快、质量好，移栽容易成活，节约水肥，劳动强度小，清洁卫生，杂草及病虫害少，不受季节及地理条件的限制，但无土育苗开始时投资大。营养液的配制比较复杂。一旦发生病虫害后，传播较快。这些缺点，在规模化育苗生产中，都是不难解决的。

## (一)无土育苗的基质和容器

**1. 无土育苗的基质** 无土育苗的基质有水和固体基质两种。用水作培养基质,应了解水中有关元素的含量,如水中含钙、镁离子较多,配制营养液中,该元素应相对减量,同时要注意,不能用含盐分过高的水作基质。

固体基质,选用无毒、疏松、透气、排水良好而又具有一定保水、保肥能力的固体材料,如蛭石、珍珠岩、沙、砾石、煤渣、玻璃纤维、锯末等,如用锯末作基质来源方便,价格便宜,但在使用前一定要发酵腐熟。

**2. 无土育苗的容器** 若大规模培育苗木,用水培法的,应建水培槽,长度可不限,但宽度不宜超过 1.5 米,以便于操作,小规模生产的水培容器,可用花盆、水桶、木箱等。

## (二)营养液的种类和配制

营养液的种类很多,配制浓度也不相同,常用配方有以下几种:

**1. 低铵四盐式配方(在 1 000 升溶液中)**

硫酸镁($MgSO_4 \cdot 7H_2O$) 500 克,

硝酸镁[$Mg(NO_3)_2 \cdot 4H_2O$] 950 克,

硝酸钾($KNO_3$) 810 克,

磷酸二氢铵($NH_4H_2PO_4$) 155 克。

该配方使用安全,容易溶解,容易被植物吸收。

**2. 多铵四盐式配方(在 1 000 升溶液中)**

硫酸镁($MgSO_4 \cdot 7H_2O$) 500 克,

硝酸铵($NH_4NO_3$) 32 克,

硝酸钾($KNO_3$) 810 克,

过磷酸钙[$Ca(H_2PO_4)_2 \cdot H_2O$] 580克。

该配方中铵态氮含量高，价格低，材料来源广，但使用时切勿接触幼苗，以免发生药害。

**3.** 全元素三盐配方(在 **1 000** 升溶液中)

硝酸钙[$Ca(NO_3)_2 \cdot H_2O$] 950克，

磷酸二氢钾($KH_2PO_4$) 360克，

硫酸镁($MgSO_4 \cdot 7H_2O$) 500克。

该配方用3种肥料配成，含有6种元素，容易溶解，营养全面，易于吸收，但价格较高。

为了简化配比，可用三要素配方，其效果相似，在1 000升水溶液中配方如下：

尿素(或硝酸铵)32～40克，磷酸二氢钾360～400克。

为了满足幼苗对微量元素所需，在以上配方中，每1 000升溶液中，还应加入以下几种肥料。

硼酸3克，硫酸锌0.22克，钼酸铵3克，硫酸铜0.05克，硫酸锰2克。

此外，每隔5～7天补施一次3～5毫克/升的铁液，可促使幼叶浓绿。

不同的绿化苗木适应不同营养液的pH值，过高或过低的pH值都容易造成叶片发黄，根尖萎缩，甚至死亡。如杜鹃花、山茶花、栀子花等都要求pH值4.8～5.2，桃等要求pH值5.8～6.2；牡丹、桂花、玉兰、月季等要求pH值6.3～6.7。为了控制营养液的pH值，应及时进行测定和调整，偏酸时，加入氢氧化钾；偏碱时，加入硫酸进行中和，并定期检查及时调整。

### (三)营养液和水的喷灌

用固体基质播种或扦插育苗时,先用清水将基质喷透,不用营养液,待幼苗出齐或插穗发根后,再使用营养液喷灌,一般每平方米喷 6～8 千克,以后视基质干湿情况及幼苗生长情况,每天喷灌 2～3 次。喷灌时间都要在白天。遇天气炎热,每天还要喷水 3～4 次。因固体基质蒸发量大,保水力差,如不及时补水保湿,苗木生长容易受旱枯死。

## 八、全光喷雾扦插技术

全光喷雾扦插育苗,是一项应用电子自动喷雾技术,进行绿化扦插苗木全光育苗的新方法,主要用于良种扦插育苗。电子自动喷雾设备,是根据插穗生根成活的水分平衡而设计的,用来保证适时适量地喷雾或停止喷雾,为插床营造一个适宜的气候,使插穗茎叶表面细胞,始终处于膨压状态。同时,插穗在全光照下,可以充分进行光合作用,不断制造养分,为插穗生根创造营养条件。实践证明,这一新技术比一般扦插法具有成活率高、繁殖周期短、适应范围广、生产量大、成本低和容易操作等优点。

全光喷雾扦插的插床,应选择地势平坦,向阳、水源方便、排水良好的场地。用砖砌高 30～40 厘米,宽 1～1.5 米,长 8～10 米,床壁厚 12 厘米,底部留有排水孔,插床底部先铺一层砖,在砖上铺一层 10 厘米厚的碎石或煤渣等,以利于排水,再在上面铺上厚 15～20 厘米的蛭石、珍珠岩、砻糠灰等基质，用平板刮平。然后，开放喷雾装置，冲洗几次，使基质湿润，均匀下沉，便于扦插。

此法应在生长季节进行，选用带叶嫩枝作插穗，每条插穗保留上部 2～3 片叶，扦插深度约为插穗长的 1/3，插前首先用 400～500 毫克/千克的吲哚丁酸(IBA)速蘸处理基部剪口，插后立即喷雾，若遇停电，应人工喷水，不可等待。若有落叶或杂物落入插床，应及时清除，以免影响采光和杂菌感染。

扦插一周后，要经常检查生根情况，当幼苗长到 3～5 厘米高时，即可移栽到普通苗床，对刚移栽的幼苗，要注意经常喷水保湿，使之逐渐过渡到常规育苗。

## 九、电热温床育苗

电热温床育苗是近年繁殖花木的一项新技术，它是在温室、大棚或阳畦土壤内装备加热线，通过控温器调节苗床温度，进行苗木培育。

在温室或塑料大棚内，建造宽 100 厘米、长 200 厘米、深 30 厘米的砖砌苗床。先在底部铺 5～10 厘米厚的炉渣、碎石，再铺上厚 3～5 厘米的蛭石或砻糠灰作保温层，在保温层中按一定距离均匀地铺入电热线，并加以固定，然后填入选用的培养基质 10～15 厘米厚。若用容器育苗，可把装好营养土的容器整齐地摆放在保温层上，进行播种或扦插，然后喷透水，再用塑料拱棚罩住苗床，以利于保温。最后接通电源，用控温器调整到合适的温度，并注意随时观察温度变化，进行调控。

# 第六章　苗木出圃

## 一、苗木出圃的质量与规格

苗木出圃是育苗工作的最后一个环节，出圃苗木质量高低，不仅关系到苗圃生产的经济效益，更关系到绿化树木的社会效益和生态效益。因此，出圃的苗木，必须制定出质量标准和规格要求。

### （一）出圃苗木的质量标准

合格的苗木应具备以下质量标准：

**1.** 枝干健美　单轴分枝的树木，应有明显的主干，有饱满顶芽，枝条分布匀称，长势健壮。

**2.** 根系发达　一般针叶树播种苗、根幅不应小于20厘米，阔叶树播种苗根幅不应小于25厘米，主根直而不长，主根长度与根幅相当为好，即中号苗根幅20～30厘米，主根长也是20～30厘米，大号苗根幅40～70厘米，主根长也是40～70厘米。

**3.** 冠根比适当　苗木地上部分和地下部分重量之比，冠根比值越小，表明苗木根系发达栽植后易成活，但地上部分过小的苗木质量也不好。

**4.** 高径比适宜　高径比是指苗木的高度与根颈直径之比。高径比以80～100：1为好，既不会细高，也不会粗短，但高度达到出圃标准的苗木，根颈较粗，更加健壮。

**5. 无病虫害和机械创伤** 受病虫危害严重和皮部受机械创伤的苗木，一般不宜出圃。北京市园林局提出“五不出”苗木出圃质量要求：即不够规格不出，树形不好不出，根系不完整不出，病虫害严重不出，有机械创伤不出，把好苗木出圃关。

## （二）出圃苗木的规格要求

出圃苗木的规格要求，应根据不同类别的树种和不同的绿化用途来确定，大乔木、行道树、庭荫树、独赏树、规格要大；小灌木、花径、花坛、盆景苗木要小，随着城市建设的发展，道路的加宽，房屋楼层的增高，为了加速绿化效益的发挥，苗木规格有不断加大的趋势，育苗任务将更加艰巨。

下面主要根据北京市提出的出圃苗木规格要求作简要介绍：

**1. 常绿乔木** 显现出各树种特有的树形，树冠丰满，下部枝叶完整，单轴分枝树种顶芽明显茁壮。苗木高度在 1.5 米以上，或胸径 5 厘米以上。高度每增加 0.5 米，即提高一个级别。

**2. 落叶大中型乔木** 树干通直，分枝点在 2～3 米，胸径 3 厘米以上（作行道树的胸径至少需 4 厘米），胸径每增加 0.5 厘米，即提高一个级别。

**3. 落叶小乔木** 要求树冠丰满，主干通直，枝条分布匀称，地上 30 厘米处的地径达 2.5 厘米。地径每增加 0.5 厘米提高一个级别。

**4. 多干式灌木** 在根颈处有 3 个以上分布均匀的主

枝，其中大型灌木，如紫玉兰、蜡梅、木芙蓉等，出圃苗高要求 80 厘米以上，高度每增加 30 厘米，提高一个级别。中型灌木，如棣棠、紫荆、含笑、海桐、栀子花，山茶花、木槿等，出圃苗高要求 50 厘米以上，高度每增加 20 厘米，提高一个级别。小型灌木，如月季、日本小檗、迎春花、麻叶绣球、红檵木等，出圃高度要求 30 厘米以上，高度每增加 10 厘米，提高一个级别。

**5. 木质藤木**　生长旺盛、枝蔓发育充实，腋芽饱满，根系发达。如金银花、紫藤、爬山虎等、不便于量化规格。常以育苗年龄为规格，树种不同，出圃苗龄也不相同。

**6. 特殊用途苗木**　根据绿化特殊用途，苗木出圃应有不同的特殊规格要求。

**(1)绿篱用的苗木**　苗木生长健壮，枝叶丰满，苗高 50 厘米以上，冠幅 20 厘米以上，苗高每增加 20 厘米，提高一个级别。

**(2)人工造型苗木**　人工造型的苗木，要求达到造型标准，才能出圃，如海桐、大叶黄杨、锦熟黄杨、红檵木等，必须经过苗圃 3～5 年的培养、修剪，才能形成球形苗，一般要求高 1.5 米、冠幅 1 米为出圃规格。龙爪槐、垂枝桃等，经过 3～5 年的培养修剪，形成垂枝树冠，其冠幅 1 米以上，为出圃的合格要求。

**(3)盆景、桩景苗木**　该类苗木出圃的规格，除一定量化要求外，更重视植株的姿态和健壮程度。

## 二、苗木出圃前的准备工作

### (一)出圃苗木的调查和统计

苗木出圃前,应对苗木进行产量和质量的详细调查,对根颈直径在5~20厘米以上的特大苗,要逐株调查记载;根颈5厘米以下的中小苗木,可采用抽样方法调查,最后按合格苗,不合格苗和废苗三类分别统计造册,做到心中有数。

### (二)出圃人力和器械的准备

出圃是苗圃工作的重要一环,必须组织全体职工和雇用部分临时工突击完成。同时要准备好掘苗机,吊车,苗木包装材料、蒲包、草绳等,都要按苗木大小数量,出圃规格进行全面准备,缺一不可。

## 三、起苗与包装

### (一)起苗时间

应根据树种生物学特性和栽植时间紧密配合。一般分为秋季起苗和春季起苗两个时间,有些干旱地区的常绿树种栽植,选在雨季进行,也可在雨季起苗。

**1. 秋季起苗** 多数绿化树种,尤其是春季发芽早的树种,如油松、水杉、池杉、侧柏、圆柏、白玉兰、梅花、蜡梅等,于地上部分停止生长,开始落叶时起苗,此时根系仍在继续缓慢生长,及时栽植,有利于根系伤口愈合,翌年春季早发芽、展叶。

**2. 春季起苗** 一些不适于假植越冬的常绿树种，如雪松、罗汉松、石楠、栀子花、海桐、红檵木、大叶黄杨等，或根部肉质，含水分较多的落叶阔叶树种，如泡桐、枫杨、榆树等均宜在春季起苗，随起随栽。应注意在芽萌动前进行，如芽已萌动再起苗，必然降低苗木成活率。

**3. 雨季起苗** 在我国西部和西北干旱地区，对一些常绿树种苗，应尽可能在雨季起苗，随起随栽，避免苗木干枯，影响成活率。

**(二)起苗方法**

**1. 裸根起苗** 一般落叶树种和少数常绿种小苗，均可裸根起苗。起苗时距苗行 20 厘米左右挖沟，在沟壁下侧再挖一斜槽，至距地面 25 厘米处切断苗根，再从第二行和第一行间插入铁锹，切断侧根，将苗木向沟内推倒，取出苗木，如土中还有侧根未断，应切断再拔苗，不可硬拉，造成根系劈裂。

大苗裸根起苗时，应单株挖掘，带根系的幅度应为根颈粗度的 5～6 倍，挖掘的幅度，应大于规定的根系处挖沟，切断全部侧根，然后在一侧向内深挖，将主根切断。如主根太粗，应用手锯锯断，以免根系劈裂。挖出后，将苗木放倒，并轻轻打碎根部泥土，尽量保留须根，然后立即蘸泥浆保湿，如苗木不及时运走，应在阴凉处假植，切不可让根系暴晒失水。

**2. 带土球起苗** 常绿树、名贵树和较大的花灌木，一般应带土球起苗，土球直径为苗木根颈直径的 10 倍，土球的厚度为土球直径的 2/3。灌木的土球直径以其冠幅的 1/2～1/4 为标准,原则上应保持主要根系完整。

### (三)苗木包装

裸根苗易受风吹日晒,失水干枯,影响成活率和以后的生长,如油松播种苗,起苗后裸根在阳光下晒 10 分钟,移栽成活率只有 30%,晒 40 分钟,苗木全部死亡。侧柏的播种苗起后裸根晒 4 小时,成活率仅 3.1%。因此,裸根苗挖起后,必须及时用稻草或草帘覆盖,用草绳捆绑,保持湿润。

带土球的苗木,如土质紧实,土球较小,运输距离较近,可不必包装。如土球直径超过 30 厘米,为确保土球不散,都必须包扎,包扎方法因土球大小,土质松紧和运输远近而定,最简单是用草绳上下方缠绕几圈,叫西瓜皮式包扎法,较复杂的有井字式、五星式、网络式包扎法。大的土球包扎时,应首先用多道草绳扎腰箍,腰箍宽一般 10 厘米左右。然后按包扎方式缠绕,以保证土球在运输中不会松散为原则。

## 四、苗木运输

挖起并包装好的苗木,在装车运输前应按苗木的质量标准和规格要求进行清点登记。装车时要轻抬轻放,防止损伤树皮、枝叶,对单轴分枝的树木,更要注意枝顶和顶芽不要损伤,以免破坏树形。带土球的苗木,上车时应特别经心,防止土球松散。用车运苗时,苗木根部应装在车厢前面，先装大苗、重苗，在大苗间隙处可填放小苗，车厢底部和侧面，应先垫草包、草帘等软材料，避免车辆运行时磨损树皮。苗木与苗木之间，要衬垫软物，防止苗木互相碰撞破损。长途运输时，为防止风吹日晒，适当喷水保温，并盖上帆布。

苗木运到目的地，要及时卸车并假植，如苗木失水过多，要将苗木根部浸泡一昼夜或对苗包浇透水，保持苗根湿润。

# 第七章　常用常绿乔木树种

## 一、苏　铁

又名：铁树。为苏铁科苏铁属植物。

【形态特征】　树干不分枝，可高达5米，叶有两种，鳞形叶较小，褐色，背面密生毡毛；营养叶大，革质，羽状深裂，长0.5～2.4米，集生于树干顶部。雌雄异株，雄球花圆柱形，黄色，生于树干顶端；雌球花扁球形，生于树干顶端，由许多大孢子叶组成，大孢子叶扁平，密生褐色绒毛。种子核果状，熟时红色。花期6～8月，种子10月成熟。

【分布与习性】　原产于我国华南、日本、印尼、菲律宾。现在长江以南各地被广泛栽培。喜暖热，不耐低温，0℃以下易冻害，喜光，适于疏松、湿润土壤，忌积水，生长慢，寿命长。在华南十余年生植株，可年年开花，但在长江流域“铁树开花”成为奇观。

【绿化用途】　树姿优美，终年常绿，反映热带风光。常栽于住宅小区、公园绿地、大楼门前、厅堂、会场前后，可单植或列植。叶片还是插花的装饰材料。在长江流域常盆栽，遇冬季低温，须移入室内防冻。

【繁育技术】　播种或分株繁殖。

播种繁殖，在种子成熟时采摘，先用40℃左右的温水浸泡24小时，再即时播种或湿沙贮藏，在0℃～5℃低温下，待翌年3～4月，选择土壤肥沃，排水良好、湿润、疏松的沙壤土。施足基肥，整地做床，点播，覆土2～3厘米厚，浇水保湿，播后3～4月，即可陆续出苗。但苗期生长极其缓慢，需在苗圃地培育1～2年，待根系发展旺盛后再进行移植。移植最佳时间应在秋末冬初或早春，生长缓慢期进行，并带土球，保护幼根。

分株繁殖是采用茎上或根际萌发的不定芽，春季3～4月间，用利刀将萌芽割下，切割时尽量少伤母株树皮，将不定芽埋于沙床或沙土混合的花盆中，深度为芽的1/2～2/3，露出芽尖，埋后及时浇水保湿，遮光防晒，一般1～2个月即可生根。萌芽繁殖，数量少，但成活率高，生长较快，故园林生长中多采用。

## 二、雪　松

为松科雪松属植物。

【形态特征】　常绿乔木，高达50米，树冠圆锥形，大枝不规则轮生，平展。叶针形，淡绿色至蓝绿色。一般30年树龄才能开花结实，雌雄异株，极少同株，雄球花长椭圆形，黄色；雌球花卵圆形，红褐色，花期10～11月，雄球花比雌球花早开10～15天。球果大，卵形，翌年10月成熟。

【分布与习性】　原产于喜马拉雅山西部、不丹、尼泊尔、印度及阿富汗等国海拔1 200～3 300米山区。我国辽宁、大连以南至长江中下游地区广泛栽培。抗寒性强，大苗可耐－25℃短期低温。较喜光，幼年期稍耐荫蔽。耐旱力强，忌积水。对土壤要求不严。对二氧化硫危害敏感。

**【绿化用途】** 树体高大，树姿秀美，生长快，寿命长，是世界著名的绿化树种，其主干下部的大枝自地面处平展，枝叶翠绿，形成雄伟树冠，是孤植树的可贵特征。冬季皎雪积满枝头，更是引人入胜。最宜孤植于草坪中央、建筑物前庭或广场中心，也可列植于园林大道两旁，甚为壮观。

**【繁育技术】** 播种或扦插繁殖。以播种繁殖为主，因扦插苗顶端生长势弱，苗木主干易弯曲，树冠较稀疏，而实生苗顶端生长旺盛，干性挺拔，树冠丰满。但雌、雄花期不遇，自然结实率低，须用人工辅助授粉。目前，我国进行播种繁殖，主要从印度进口种子。

播种可在 3 月中下旬进行，播种前种子先用冷水浸泡 2 天催芽，播种量 75 千克/公顷左右。选择排水良好的苗圃地做高床。为了节约种子，可进行点播，行距 15 厘米，株距 5 厘米，覆土厚度 1.5～2 厘米并盖草，每 667 米$^2$用种量约 5 千克。小苗出土后，需遮荫，并喷洒 1%硫酸亚铁或波尔多液和敌百虫，预防立枯病和地老虎危害。一年生苗冬季设塑料膜拱棚防寒。二年生苗，2～3 月间即可移植，移植苗在北方冬季仍需用塑料拱棚防寒。

扦插的采穗母株，以 3～5 年实生幼树为宜，树冠上中部带有顶芽的一年生枝条成活率最高。扦插在 3 月上中旬，芽苞开始膨胀时为好，插穗长 12～15 厘米基部剪平，剪去插穗上的二次分枝和摘去基部5米以下的针叶。苗圃地应设塑料膜拱棚，插床应为疏松、排水良好的沙质壤土。插前进行透灌，并进行土壤消毒。行株距10厘米×6厘米，扦插后及时喷水。夏季高温时，应揭棚放风降温，喷水保湿后再扣棚。随时保持苗床的正常温湿度，2月左右即可陆续生根成活，二年生苗即可移植。

## 三、白皮松

又名：虎皮松、三叶松、白骨松。为松科松属植物。

【形态特征】　大乔木，高达30米，胸径1米，树冠圆锥形或圆头形。树皮淡灰色或呈粉红色，不规则鳞片状剥落。一年生小枝灰绿色，大枝自地面处斜出。针叶3针一束，长5～10厘米。雌雄同株，雄球花多数，生于新枝下部，长约10厘米，鲜黄色，雌球花单生或聚生新枝顶端。球果近圆球形，长5～7厘米，种子卵形，上部有翅。花期4～5月，球果翌年9～10月成熟。

【分布与习性】　我国特产，主产于华北，现黄河流域各地均有栽培。不耐高温，可耐－30℃低温环境，喜光，稍耐阴，耐干旱，忌水渍，对二氧化硫等有毒气体抗性很强。对土壤要求不严，在碱土上也能正常生长。深根性，抗风力强。

【绿化用途】　我国特有的三针松，树皮白色略呈粉红色，独具特色，自古多植于宫廷、寺院、名园中。宜孤植、列植或群植。

【繁育技术】　主要采用播种繁殖，10月间种子成熟时采种，冬季进行层积沙藏，至播种前一个月，移至背风向阳处增温、补水保湿，待20%～30%的种子萌动时即可播种。苗圃地采用土层深厚的高床，每10米$^2$用种子2 000克，播后覆土厚1～1.5厘米，并覆盖地膜保湿、保温，约20天即可出土，此时应揭出薄膜。1～2年生苗，冬季应培土防冻。二年生苗可进行裸根移植，行株距60厘米×20厘米。5年生苗进行第二次移植，应带土球，行株距120厘米×60厘米。幼苗忌积水，土壤湿度不宜过大。幼苗易形成地表多分枝，应及时剪除侧生竞争枝，培育主干。

## 四、油 松

又名：短叶马尾松、东北黑松。为松科松属植物。

**【形态特征】** 大乔木，高达25米，胸径1米。树冠壮年期广卵形，老年期伞形，树皮灰棕色，鳞片状开裂。叶2针一束，长10～15厘米。雌雄同株，雄球花多数，生于新枝下部，橙黄色；雌球花绿紫色，生于新枝顶端。果球卵形，长4～9厘米。花期4～5月，球果翌年10月成熟。

**【分布与习性】** 主产于我国东北至华北。耐寒性较强，－30℃能正常生长。强阳性，一年生苗稍耐阴，耐旱性强，对土壤要求不严，但忌积水，不耐盐碱。根系发达，寿命长。

**【绿化用途】** 树姿苍劲，枝繁叶茂，四季常青，宜作行道树，或孤植，丛植。

**【繁育技术】** 以播种繁殖为主。种子成熟时及时采收，晾干收藏。翌年3～4月播种，种子先用50℃～70℃的温水浸泡24小时，接着每天用25℃左右的温水淘洗一次，3～4天后，种子开始萌动，即可播种，7～10天可出土。也可在播种前一个月经温水浸种后，层积沙藏催芽。播种采用条播法，沟宽10～15厘米，沟间距10厘米，沟底整平，将种子均匀撒入沟内，覆土厚1～1.5厘米，稍镇压，播后约一个月开始出芽，生长期应随时松土、除草、适当间苗。油松苗较耐旱、忌积水，为防止立枯病，待苗木出齐后，每隔10天用0.5%波尔多液和1%硫酸亚铁溶液，交替喷洒。硫酸亚铁喷洒后30分钟，再用水喷洗幼苗，以防药害。苗床上应挖取油松林下腐殖土，均匀撒开，并以磷肥配合，翻入土中，接种菌根菌，促进苗木生长。

## 五、侧　柏

又名：扁柏、柏树。为柏科侧柏属植物。

【形态特征】　高达20米，胸径1米。幼树树冠尖塔形，老树广圆形。树皮浅褐色，薄片状剥离。大枝粗壮斜出。叶全为鳞片形，交互对生。雌、雄同株，球花单生枝顶，雌、雄球花均为卵形，球果熟时木质开裂，种子红褐色。花期3～4月，球果10～11月成熟。在绿化中常用的栽培变种有千头柏（扫帚柏、凤尾柏）（cv. Sieboldii）：丛生灌木，无明显主干，枝密生。金黄球柏（金叶千头柏）（cv. Semperaurea）：矮灌木，树冠球形，叶金黄色。金塔柏（洒金柏、金枝侧柏）（cv. beverleyensis）：小乔木，树冠塔形，叶金黄色。

【分布与习性】 主产于我国华北、东北，现全国各地广泛栽培。已被定为北京市市树。对温度适应性强，能耐低温和高温，喜光，有一定耐阴力，耐旱力强，忌积水，对土壤要求不严，较耐盐碱，根系较浅，寿命长。

【绿化用途】 树姿挺拔雄伟，枝叶茂盛，四季常青，自古以来多植于寺庙、陵园、宫廷、广场中，其栽培变种常用于绿篱、花坛中心或草坪周围。

【繁育技术】 主要以播种繁殖，选择 20～30 年生壮龄树采种，时间在 9 月中上旬，球果成熟时采集。晾晒，使球果开裂，种子干藏可保持发芽率 2～3 年。春季 3～4 月播种，播前先用 30℃～40℃ 温水浸泡 12 小时，然后再层积沙藏，注意补水保湿，需 10～15 天，待 30%～40% 的种子胚根突出种皮时即可播种；播种前，将圃地灌足底水，开沟条播，行距 20 厘米，播幅 5～10 厘米，覆土厚 0.5～1.0 厘米，也可用垄播法，垄距宽 70 厘米，播幅宽 10～15 厘米。每平方米用种量 200 克，播后覆土厚 1～1.5 厘米。在干旱少雨地区，播后要盖草或薄膜保湿，待种子大部分发芽后，即揭去覆草或薄膜。当苗长到 4～5 厘米时进行第一次间苗，以后还要进行 2～3 次，使株距达到 10～15 厘米。幼苗生长期要及时灌水施肥，并注意防治立枯病和蝼蛄、毒蛾等病虫害。一般播种苗，第一年可长到 20～25 厘米，第二年长到 60～80 厘米即可出圃。如庭院绿化需用大苗可移植一次，按行株距 40 厘米×20 厘米或 40 厘米×30 厘米，再培植 2～3 年。

扦插繁殖，常用于繁殖优良品种，一般可在 3 月下旬，采取休眠枝扦插，插穗长 10～15 厘米，剪去下部小枝，插后注意保湿，成活率较高。

## 六、圆 柏

又名：桧柏。为柏科圆柏属植物。

【形态特征】 大乔木，高达 20 米，胸径达 3 米，树冠壮年尖塔形，老年广卵形，树皮灰褐色，浅纵裂，叶两种，鳞形和刺形，鳞叶交互对生，刺叶常 3 叶轮生，长 0.6～1.2 厘米，幼树可全为刺叶。雌雄异株，极少同株，雄球花熟时黄色；雌球花黄绿色，雌、雄球花均生于小枝顶端，球果卵形，直径 6～8 毫米，熟时肉质，有种子 1～4 粒。花期 4 月下旬，球果翌年 10～11 月成熟。常见栽培变种有：龙柏(cv. Kaizuka)：小枝扭曲上伸，叶全为鳞叶，枝叶密集。塔柏(cv. Pyramidals)：树冠圆锥塔形，全为刺叶。鹿角柏(cv. Pfitzeriana)：丛生灌木，小枝细长分杈，呈鹿角状，全为鳞叶。球柏(cv. Globosa)：丛生灌木，树冠球形，全为鳞叶。金叶桧(cv. Aurea)：狭圆锥形，丛生灌木，高 3～5 米，小枝具鳞叶及刺叶，鳞叶金黄色。

【分布与习性】 原产于我国东北南部，华北至西南各省，朝鲜、日本也有。现各地广泛栽培。耐寒、耐热性均较强，喜光，有耐阴力、耐旱力强，忌积水，对土壤要求不严，能耐酸碱及瘠薄土壤，对多种有害气体有较强抗性。

【绿化用途】 树体雄伟挺拔，枝叶茂密，老树古朴苍劲，可孤植、对植于大型建筑、宫殿、庙宇、陵园墓地周围，还可作桩景或盆景材料。但不宜在梨树园近旁栽植以免传播梨锈病。

【繁育技术】 原种多用播种繁殖，栽培变种常用扦插或嫁接繁殖。

播种繁殖：球果采回后，取出种子，洗净、阴干、沙藏，种子有后熟习性，一般种子 11 月采收，翌年春播很少发芽，可用催芽方法处理：即在 5～6 月间用温水浸泡 1～2 小时捞出，进行层积沙藏，堆置厚度约 30 厘米，并用草片覆盖保湿，每隔一周翻倒一次，翻时注意补充水分，至当年秋天即可播种，用平床条播方法，每 10 米$^2$ 用种量 300～400 克，播前床地应施足基肥，并进行土壤消毒，条播开沟宽 10 厘米左右，行距 20 厘米，覆土厚 1～2 厘米，并镇压，铺盖草片防冻，冬季要保持湿润。待翌年 3 月下旬，天气转暖，可撤去草片，罩以薄膜，促使早发芽。当小苗出齐后，可揭去薄膜。幼苗早期应控制水肥，防止立枯病，促进幼苗木质化。在幼苗长至 4～5 厘米时，进行第一次间苗，经 2～3 次间苗后，保持每 10 米$^2$ 留苗 500～800 株，株距 3～5 厘米，至秋季苗木可长至 15～20 厘米。如培育大苗，应每两年移植一次。

扦插繁殖：一般在 2～3 月采用休眠枝或 8～9 月采用半熟枝扦插，插穗长 15 厘米左右，按行距 30 厘米开沟，沟深 25～30 厘米，再按株距 20 厘米插入 3/4，插后充分灌水，并搭棚遮荫，一般当年可生根成活。

龙柏常用扦插或嫁接繁殖，嫁接在 2 月下旬至 3 月间进行，用二年生侧柏或圆柏实生苗作砧木，于根际进行嫁接，接活后当年不剪砧，利用砧木营养蒙导接穗一年，待翌年接穗生长旺盛再剪去砧木萌条。

## 七、罗汉松

又名：罗汉杉、土杉。为罗汉松科罗汉松属植物。

【形态特征】　高达 20 米，胸径达 60 厘米；树冠广卵形，叶条形，长 7～12 厘米，宽 7～10 毫米，叶背粉绿色，螺旋状互生。雌雄异株，极少同株，雄球花圆柱形，3～5 簇生叶腋，雌球花单生叶腋，种子卵形，长约 1 厘米，着生在膨大的肉质种托上，种子成熟时，种子和种托呈紫红色。花期 4～5 月，种子 10 月成熟。常用变种有：狭叶罗汉松 (var. angustifolius)，叶长 5～9 厘米，宽 3～6 毫米，叶端长尖；小罗汉松(var. maki)，小乔木或灌木，叶长 2～7 厘米，密生，原产日本，现长江流域各地常有栽培。

【分布与习性】　原产于长江以南至西南各省、自治区，日本也产，现江南各地广泛栽培。耐寒性较弱，在华北只能盆栽，较耐阴，在排水良好、湿润的沙质土壤上，生长良好，但土层瘠薄或石灰性土壤上生长不良，对有毒气体有较强的抗性。

【绿化用途】　树形优雅，叶形美观，四季常绿，种子成熟时与膨大的种托均为紫红色，好像罗汉披着袈裟，满树绿叶中点点红“果”引人入胜。可孤植、对植于庭院或工矿区绿化。小罗汉松常作盆景。

【繁育技术】　常用播种或扦插繁殖，播种繁殖可在种子成熟时随采随播，也可沙藏至翌年春播或秋播。种子发芽率可达80%~90%。

扦插繁殖：可在3月上中旬，采一年生粗壮枝或在梅雨季节采半成熟新梢扦插成活更高，插穗长10～15厘米，插后遮荫，喷水保湿，一般春插90天、夏插60天即可生根成活。但冬季注意防寒。小苗移栽时须带土。

## 八、广玉兰

又名：荷花玉兰、洋玉兰、大花玉兰。为木兰科木兰属植物。

【形态特征】 高可达30米，树冠卵形、圆锥形，叶倒卵状长椭圆形，长12～20厘米，革质，表皮带有光泽，背面密生锈色短柔毛（幼树叶背灰绿色）。花两性，径达20～25厘米，花被白色，9～12片，有芳香。雄蕊和雌蕊均多数，螺旋状着生在长的花托上。聚合蓇葖果，种子外有红色假种皮。花期5～7月，果10月成熟。

【分布与习性】 原产于北美东部，我国长江流域及其以南广泛栽培，现山东、河南、陕西等省有引种。为亚热带树种，喜温暖气候，在－12℃低温下，时间较长，叶片受冻，喜光，稍耐阴，在排水不良、干燥的碱土和黏土上，生长不良，忌积水。根系发达，但不耐修剪。

【绿化用途】 树姿雄伟壮丽，叶深绿、大而亮，花大而浓香，是很受南方各地群众喜爱的常绿乔木树种。常孤植或作行道树，也可配置在草坪或庭院中。

【繁育技术】 播种、压条、嫁接均可，扦插成活率很低。

播种繁殖，可随采随播，如待春播，种子需积层沙藏，在3月下旬至4月下旬播种，播前应用温水浸泡1天催芽，选择肥沃沙壤土，施足基肥。条播，沟距20厘米，沟深5厘米，宽5厘米，播后搭设荫棚，遮荫保湿，幼苗生长缓慢，移植1～2次才能出苗圃。

嫁接在3～4月进行，以紫玉兰或白玉兰为砧木，取一年生带有顶芽的健壮枝条作接穗，接穗长5～7厘米，剪去叶片，用切接法在距地面3～5厘米处嫁接，接后培土，只露接穗顶端，促其伤口愈合，待芽伸展后扒去壅土，剪去砧木萌蘖。当年秋季或翌年春季移栽，嫁接苗3～4年即可开花。

## 九、樟 树

又名：香樟、芳樟、樟木。为樟科樟属植物。

**【形态特征】** 高达20米。树冠卵圆形，树皮灰褐色。单叶互生，革质，卵形或椭圆形状卵形，离基三出脉，脉腋有腺体。花小，淡黄绿色，圆锥花序。核果，球形，熟时紫黑色，花期4～5月，果10～11月成熟。

**【分布与习性】** 主产于长江以南及西南地区。喜温暖，不耐严寒，在－7℃以下气温易受冻，喜光，不耐干旱瘠薄土壤，适于深厚、湿润、肥沃、排水良好的中性和酸性土。对有毒气体有一定抗性。主根发达，萌芽力强，耐修剪。生长较快，寿命长。

**【绿化用途】** 树姿雄伟、枝叶茂密、四季常青，常栽作行道树、遮荫树、风景树、隔音林带。可孤植、列植、丛植。

【繁育技术】 主要以播种繁殖，播种一般在3月下旬至4月上旬，华南地区应提前。采种母树选20～40年生壮龄树。果实采回后应及时放在缸或桶中浸泡2～3天进行搓洗，取出种子，阴干，再层积沙藏。播前应用50℃左右的温水间歇性浸泡催芽，但切忌高温烫伤。条播，行株距20～25厘米，播后覆土厚1.5～2厘米，并盖上稻草或薄膜，保温保湿。15～20天即可陆续发芽，待40%发芽后，即揭除覆盖物。当真叶长到5～6片时即可移植。如用容器育苗，可将催芽处理露白的种子直接播在育苗容器中，待苗高30～40厘米时可移植出圃。

## 十、石　楠

又名：千年红、扇骨木。为蔷薇科石楠属植物。

【形态特征】 小乔木，高达10米，树冠圆球形。单叶互生，长椭圆形。顶生复伞房花序，花小、白色。果实熟时紫红色。花期6～7月，果10～11月成熟。

【分布与习性】 主产于长江流域及其以南各省、自治区，喜温暖，较耐寒，喜光，稍耐阴，能耐旱，不耐水湿，萌芽力强，耐修剪，生长较慢，对有毒气体抗性较强。

【绿化用途】 枝叶繁茂，早春嫩叶鲜红，夏季白花，秋季红果，是很受各地喜爱的绿化观赏树。可孤植、列植，适于庭院、草坪、工矿区栽植。

【繁育技术】 主要以播种繁殖，也可扦插。

播种繁殖：11月果实成熟后采收，堆放后熟，再洗去果肉，将种子晾干，层积沙藏。待翌年春季播种，采用条播，行距20厘米，覆土2～3厘米，盖草，保持苗床湿润，约一个月即可出芽，发芽后要及时揭草。待苗高10厘米左右时，按株距20～25厘米间苗。

扦插繁殖：6月间，选当年半木质化的枝条，剪成12～15厘米长的插穗，上部留2～3片叶，扦插深度为插穗的2/3，插后及时遮荫浇水。也可在早春，采一年生成熟枝扦插。移植一般在3～4月进行。应带土球。

在城镇绿化中，椤木石楠（ph. davidsoniae）和光叶石楠（ph. glabra）也常用，其习性、用途和繁殖技术与石楠基本相同。

## 十一、女　贞

又名：冬青、蜡树。为木犀科女贞属植物。

【形态特征】　小乔木，树皮灰色，单叶对生，革质，卵形，长6～12厘米，花两性，白色，顶生圆锥花序，长12～20厘米。核果长圆形，熟时蓝黑色。花期6～7月，果11～12月成熟。

【分布与习性】　原产于我国华中至西北，日本也有。现长江流域及其以南地区广泛栽培。喜温暖，不耐严寒，喜光，稍耐阴，抗旱，耐瘠薄，在微酸、微碱性土壤上均能生长。对有毒气体有较强的抗性。萌芽力强，耐修剪。

【绿化用途】　枝叶清秀，叶色亮绿，夏日白花满树，是园林中十分常见的绿化树种，可栽作行道树、防护林、园景树或修剪成绿篱，更适于工厂、矿区绿化。

【繁育技术】　以播种繁殖为主，也可扦插。

播种繁殖：果实成熟时采集、晾干、除去果肉贮藏。在低温下层积沙藏，经冬季休眠，在翌年3～4月，用60℃热水浸泡4～6天，每天换一次热水，打破休眠，条播或畦播，条播行距20厘米，覆土厚1.5～2厘米，1～1.5月才能出苗。如用畦播，畦宽约1米，预先整地、施肥、灌水后再撒种，在靠畦两边，各撒1行，覆土厚2～3厘米，盖草，待出苗后，揭去盖草，注意及时浇水保湿。

扦插繁殖：在11月中旬，剪取当年生枝条，沙藏，待翌年3月取出，剪成长约25厘米的插穗，蘸泥浆插入土中，入土约1/2，直插或斜插均可。6～7月可生根，当年苗高达40～60厘米，翌年3月可移植。

## 十二、桂　花

又名：木犀、岩桂。为木犀科木犀属植物。

【形态特征】 小乔木，高达12米，树冠圆球形，单叶对生，革质，长椭圆形。花簇生叶腋，花小，黄白色，有浓香，核果椭圆形，成熟时紫黑色。花期9～10月，果翌年4月成熟。依花色不同有三个变种：金桂（var. thunbergii），花金色，香味浓，树体高大，枝叶茂盛，结实多。丹桂（var. aurantiacus），花橙黄色或橙红色，香味较淡，长势较弱，叶色较深，结果很少。银桂（var. latifolius），花白色，微黄，香味较淡。以上三个变种均为秋季开花。另一变种，四季桂（var. semperflorens），一年中5～9月数次开花，花色淡黄。植株较小。

【分布与习性】 原产于我国西南，现于长江流域各省广泛栽培。耐高温，低于－6℃易受冻，喜光，抗旱性强，忌水渍。适于温暖、湿润、排水良好的沙质土壤，在碱性或黏性土中生长不良。对有毒气体有较强抗性。

**【绿化用途】** 树冠圆球形，枝叶繁茂，终年常绿，秋天花香诱人。常植于房前屋后，草坪边缘，道路两旁，可孤植、对植、列植、丛植或作行道树，北方常盆栽供布置会场。

**【繁育技术】** 嫁接、压条和扦插均可。

嫁接繁殖：用女贞、小叶女贞、小蜡树作砧木。嫁接时把砧木从接近根部切断，使其成活后能从接穗基部生根，提高成活率。

压条繁殖：在春季萌芽前，选2～3年生枝，环割后用苔藓包住保温，并常浇水。因费工，繁殖数量少，很少采用。

扦插繁殖：6～8月，用嫩枝扦插，插穗8～12厘米长，留上部2～4片叶。行株距20厘米×3厘米，插后及时灌水，并搭荫棚保湿。两个月左右，可以生根。若在早春，采用硬枝扦插成活率也很高。

幼苗移栽以春季或秋季开花后进行为宜。因萌芽力强，应适时抹去萌蘖，保持主干长高，并及时喷药，防止病虫危害。

## 十三、珊瑚树

又名：日本珊瑚、法国冬青。为忍冬科荚蒾属植物。

**【形态特征】** 高达5～10米，树冠倒卵形。单叶对生，长椭圆形，革质，长 7～15 厘米，表面亮绿色。花白色，有芳香，圆锥状聚伞花序顶生。核果倒卵形，先红后变黑。花期 5～6 月，果 9～10 月成熟。

**【分布与习性】** 分布于华南、华东、西南，日本、朝鲜也有。喜温暖，不耐严寒，喜光，耐阴，适于湿润肥沃，酸性至微碱性土壤。根系发达，抗风力强，耐修剪，易整形，移植易活，生长快，萌芽力强。

**【绿化用途】** 枝叶茂盛，终年碧绿，光亮，春天白花，秋后红果垂直状如珊瑚，绚丽可爱宜植墙垣，路边或密植成 4 米以上高篱，有隔、防风，防火之功效，也可在路口处对植。盆栽观叶，观花，观果，颇具风味。

**【繁育技术】** 可用播种或扦插繁殖。播种在 10 月下旬采种。先堆放 2～3 天让其后熟，再洗净阴干，用层积沙藏。待翌年春 3～4 月条播，及时遮荫，5 月下旬出土，当年苗高约 10 厘米。

扦插繁殖：在 6 月中旬进行，采当年半木质化粗壮上部枝条，插穗长 10～15 厘米，由两侧掰开，带踵扦插更好，随剪随插，留上部一对叶，插穗插入土中 3/5，插后充分灌水搭棚，遮荫保湿。以后浇水宜少量多次，勿使土壤过湿，引起落叶。插后约 20 天开始生根，40 天展芽。此时应增加光照，管理好成活率可达 90％以上。入冬幼苗应注意防寒。翌年即可移植。如作绿篱，可在育苗时剪去顶枝，促进侧枝发展。

## 十四、棕　榈

又名：唐棕、棕树、中国扇棕、山棕。为棕榈科棕榈属植物。

【形态特征】 树冠柱形，不分枝，高达 10 米，茎外残存老叶柄基部及纤维叶鞘。叶簇生于顶部，掌状深裂达中下部。雌雄异株，圆锥状肉穗花序生叶腋，花小，雄花黄色，雌花绿色。核果肾形，熟时蓝褐色。花期 4～5 月，果 10～11 月成熟。

【分布与习性】 原产于我国秦岭以南各省、自治区，是棕榈科中最耐寒的树种。在－15℃不会冻死，耐阴力强，能耐一定干旱和水湿。适于排水良好，湿润、肥沃、中性或微酸或盐碱土。对有毒气体抗性强。根系浅，须根多，寿命长。

【绿化用途】 耐寒、耐阴、四季常青，树冠伞形张开，彰显南国风光，适应性强，常用于庭院绿化，落叶乔木下配植，工厂矿山绿化，深受群众喜爱。

【繁育技术】 常播种繁殖，11 月间，果熟采下后，浸泡 3～5 天，搓去果皮杂质，即可播种或层积沙藏，翌年播种，播前用 60℃～70℃温水浸泡 24 小时，进行条播，开沟沟距 20 厘米，覆土厚 2～3 厘米，盖草庇荫，播后约 50 天开始发芽。但幼苗生长缓慢，当年苗高仅 3 厘米左右，待幼苗长出 2 叶后，可移植，移植时剪去叶片 1/2～1/3，减少蒸腾并浅栽。如用大苗绿化，在苗圃需培养 6～7 年方能出圃，出圃时需带土球保护须根，并浅栽。

# 第八章　常用落叶乔木树种

## 一、银　杏

又名:白果树、公孙树。为银杏科银杏属植物,银杏为单种科。

【形态特征】　落叶大乔木,高达40米,胸径3米以上。树冠壮龄圆锥形,老龄宽卵形,树皮灰褐色。大枝近轮生,小枝有长枝和短枝两种。叶扇形,顶端常2裂,叶脉叉状,无主脉,叶在长枝上互生,在短枝上簇生。雌雄异株,雄株主枝与主干的夹角较小,树冠较密,叶顶端裂刻深达中部以下,秋叶变黄较迟,落叶较晚,着花短枝长可达4厘米;雌株主枝与主干的夹角较大,树冠较宽,叶顶端裂刻较浅,秋叶较黄和脱落较早,着花短枝短,长不超过2厘米。雄球花柔荑花序状,长圆形,生于短枝顶端叶腋;雌球花单生于短枝顶端叶腋,一般每一雌花只结一个种子;种子核果状,椭圆形,直径约两厘米,熟时呈淡黄色或橙黄色,外被白粉,很像杏果。外种皮肉质,有臭味,中种皮白色,骨质,市场上的白果,即是除去外种皮的种子,内种皮膜质,内有丰富胚乳。花期4～5月,种子9～10月成熟。

银杏常见绿化观赏的变种,有叶终年鲜黄色的黄叶银杏,有叶有黄色斑纹的斑叶银杏,有叶大而深裂的裂叶银杏，有大枝上举、树冠尖塔形的塔形银杏，还有枝条下垂的垂枝银杏等。

【分布与习性】　我国特产、古老孑遗的国家一级重点保护植物，浙江天目山有野生大树群落。我国自沈阳以南、广州以北各地广泛栽培，并常见数百年至千年古树。

【绿化用途】　树姿端雄伟、叶形奇特秀丽、秋叶金黄，是我国古今园林绿化的珍贵树种，常植于寺庙殿前或庭园广场，也常作行道树或独赏树，又是秋色叶景观树。

【繁育技术】　主要用播种繁殖、扦插、嫁接、压条亦可。

播种繁殖，选择树形好，生长旺盛的母树采种，种子有后熟现象。采后堆积腐沤，淘去外种皮，晾干沙藏，秋播在当年 11 月，春播在翌年 3～4 月进行，播前一个月用冷水浸种 24 小时后，再以两倍湿沙层积催芽。待种子开始萌动，即可播种，采用条播或垄播。条播行距 20～30 厘米，开 4 厘米浅沟，隔 10 厘米播 1～2 粒，覆土厚 3～4 厘米，稍镇压。每 667 米$^2$ 播种量 45～50 千克，垄播的垄距 60 厘米，沟宽 10 厘米，间距 4～6 厘米，覆土厚 3～4 厘米，盖草保湿。每 667 米$^2$ 播种子 100 千克，出苗后，应多松土，并施肥 2～3 次，喷洒波尔多液，防立枯病。8 月后，停止灌水、施肥、以免徒长。

扦插繁殖：可在春季采用硬枝扦插或 6～7 月间采用软枝扦插，行株距 10 厘米×4～5 厘米，插穗长约 15 厘米，插后用塑料膜荫棚控制温湿度。

嫁接繁殖：主要用于提早结实和繁殖优良品种，在园林绿化中很少采用。

银杏大树干基周围易生萌蘖，可在早春，用锋利的锄头挖取带根的萌条，栽于苗圃中，即使无根，只要有愈伤组织，也易成苗。应充分利用。

## 二、金 钱 松

为松科金钱松属植物。

**【形态特征】** 落叶大乔木，高达40米，胸径1米。树冠宽圆锥形。叶条形，在长枝上互生，在短枝上多枚簇生，叶长2～5厘米。球花、单性，雌雄同株，雄球花簇生，雌球花单生。球果卵形，长6～7厘米。种鳞木质，熟时脱落。种子卵形，白色，上部具翅。花期4～5月，果11月成熟。

**【分布与习性】** 产于长江流域各省，是我国特有珍贵树种。喜温暖，较耐寒，在－20℃仍不受冻，喜光，幼年时稍耐阴，不耐旱、不耐积水。适于深厚、排水良好的中性或酸性土，不耐盐碱。枝萌芽力强。

**【绿化用途】** 树体高大，树干端直，秋叶变金黄色，在短枝上排成圆铜钱形，甚为美观。可孤植、列植或丛植。

**【繁育技术】** 以播种繁殖为主，也可扦插、嫁接繁殖。

播种繁殖：应在20年生以上的壮龄树上采种，采后须存放后熟，翌年2～3月播种，播前用40℃温水浸泡24

小时(让温水自然冷却),然后采用条播或撒播,因金钱松是与真菌共生的树种,所以苗圃地应先掺入金钱松大树下的土壤,以带入真菌(菌根菌),播后要用带菌根的土壤覆盖。15～20天可出苗,发芽幼苗应遮荫防晒,勤浇水保湿,一年生苗高10～15厘米,留床一年,二年生苗高约30厘米。

扦插繁殖:插穗应选自不超过10年生的幼树健壮枝条,管理适当,成活率可达70%。

## 三、水　杉

为杉科水杉属植物。

**【形态特征】** 落叶大乔木,高达35米,胸径2.5米,树冠尖塔形、大枝近轮生,小枝对生。叶对生,呈羽状排列,条形,长0.8～3.5厘米,冬季无芽小枝和叶一同脱落。球花单性雌雄同株,雄球花排成圆锥花序状,雌球花单生枝顶。球果近圆球形,长1.8～2.5厘米,种子扁平,有薄翅。花期2月,球果11月成熟。

**【分布与习性】** 我国特有树种,产于湖北、湖南和重庆。现世界广泛引种栽培。较耐寒,－35℃低温下不受冻。喜光不耐阴。较耐干旱、耐湿,但忌水涝。对土壤要求不严,酸性土最好,轻度盐碱土也能生长。

**【绿化用途】** 树干端直挺拔,雄伟壮丽,叶色青翠,秋季变黄褐色,是观形、观叶的珍贵树种。适于孤植,列植,成片林植,成为壮观的风景林。

**【繁育技术】** 主要用扦插和播种繁殖。

扦插繁殖：选用一年生冬芽饱满的枝条为插穗，在落叶后剪成长12～15厘米，沙藏越冬，翌年2～3月扦插，插深4～6厘米，插后遮荫并勤洒水保湿。20～25天可生根，当年苗高可达1米。也可在6月采用当年生嫩枝扦插，当年可长到高25～30厘米。扦插繁殖的插穗都应从1～5年生播种实生苗上采取，老壮龄树上枝条扦插成活率很低。

播种繁殖：应从40～60年生壮龄树上采种，种子很轻，千粒重仅2克左右，发芽率一般8%，应在春季气温12℃以上时进行。采用条播，行距20～30厘米，播后10天左右发芽出土，但幼苗细弱需精细管理，忌旱忌涝，应搭棚遮荫。防止强光暴晒。

## 四、池　杉

又名：池柏、沼杉、沼落羽松。为杉科落羽杉属植物。

【形态特征】　落叶大乔木，高达25米，树干基部常膨大，并有屈膝状呼吸根，如树干下部常长期淹在水中，水上部分树干细弱，树冠尖塔形。叶钻形或条形，略弯曲，螺旋状着小枝上长0.4～1厘米，冬季无芽小枝与叶一同脱落。球果圆球形。熟时褐黄色，长2～4厘米，种子为不规则三角形，红褐色，长1.3～1.8厘米。花期3～4月，球果10～11月成熟。

【分布与习性】　原产于北美洲南部，我国自20世纪初引进，现长江流域城乡广为栽培。喜湿热气候，耐寒性也较强，喜光，不耐荫蔽，抗旱、抗涝性均很强，可在水淹树干下部条件下长期生存，但生长不良。喜酸性土壤，不耐盐碱。生长快，萌芽力强，抗风力强。

【绿化用途】 树形高大秀美，枝叶婆娑，生长快，特别耐水湿，适植于湿地，成片营造防风防浪林，或孤植、列植、丛植为园景树。

【繁育技术】 播种和扦插繁殖。

播种繁殖：选择优良母树，在球果成熟种子散落前及时采收，干藏，冬播或春播均可。播前应用40℃温水浸泡4～5天(每天换一次温水)，选择排灌方便，微酸沙质土壤的苗圃地，施足基肥。播种采用宽幅条播，行距25厘米，播后覆土、遮荫，苗期要勤浇水，薄施肥、松土、除草，防治地下害虫。

扦插繁殖：早春1～2年生实生苗截干，剪成长10～12厘米的插穗，入土深约2/3，也可在5～8月，采1～2年生实生苗的当年生嫩枝作插穗，插后一个月左右生根，一般成活率可达70%～90%，如从8年生幼树上采插穗，成活率仅30%左右，大树枝条扦插很难成活。

## 五、白玉兰

又名：玉兰、望春花。为木兰科木兰属植物。

【形态特征】 落叶乔木，高达15米。叶倒卵状椭圆形或倒卵形，长10～15厘米，先端突尖。花大，单生枝顶，花被纯白色、径12～15厘米、9片、3轮，早春先叶开放，有香气。聚合蓇葖果木质。花期2～3月，果8～9月成熟。

【分布与习性】 产自我国中部，现华北及其以南地区广泛栽培，北京可露地越冬，较耐寒，喜光，抗旱性较强，不耐积水。对土壤要求不严。

【绿化用途】 花大、洁白，芳香，是我国各地喜爱的早春观花树种。宜植于宅院前后草坪中，或与常绿树种配植。

【繁育技术】 可用播种、扦插、嫁接法繁殖。

播种繁殖：随采随播或将种子洗净沙藏春播，幼苗需遮荫，当年苗高约30厘米。

扦插繁殖：应在夏季进行，采当年嫩枝，用50毫克/千克的萘乙酸溶液浸泡插穗基部6小时，可促进生根，管理得当，两个月可生根。

嫁接繁殖：用紫玉兰或本种实生苗作砧木，9月间，采用切接法，接后覆土将接穗全部埋于土中，待翌年春暖后，扒去覆土。靠接法成活率高，但长势较差，晚秋用劈接法嫁接也可，成活后生长较快。

## 六、鹅掌楸

又名：马褂木、鸭脚木、枫荷树。为木兰科鹅掌楸属植物。

【形态特征】 落叶大乔木，高达40米，树干通直，树冠圆锥形。单叶互生，马褂形，两侧各具1个裂片、先端近截形，长12～18厘米。花单生枝顶，黄绿色、杯状，花被9片，长3～4厘米聚合翅果，花期5～6月，果10月成熟。

【分布与习性】 原产于我国中部和西南，现黄河以南各地均有栽培，喜温暖，抗寒较差，在北京背风向阳处可安全越冬。喜光、较耐阴。耐旱、耐涝性均不强，对有毒气体有一定抗性。生长较快，开花时有雄蕊先熟现象，结实率不高。

【绿化用途】 树冠庞大，树干端直，叶形奇特，花清雅，美而不艳，入秋叶色金黄，为世界珍贵的观赏树木。适植于草坪、风景园、憩息地，孤植、列植或群植。

【繁育技术】 播种繁殖为主，也可扦插。

播种繁殖：选择饱满的种子，经冬季干藏，播前 20 天左右，用温水浸泡后沙藏，置于向阳温暖处增温催芽。在 3 月下旬至 4 月上旬进行条播，行距 20～25 厘米，因发芽率低，宜加大播种量，每 667 米$^2$ 播种 25～30 千克，带翅播种，覆土 1～1.5 厘米，并盖草或薄膜保温，20～30 天出土，幼苗出土后，适时揭去覆盖物，并随时浇水，待苗高 3～5 厘米，应间苗，每平方米保留幼苗 20～25 株，当年苗高可达 30～40 厘米，经移植或留床再培育一年出圃。

扦插繁殖：春末夏初，选用 1～2 年生枝条。插穗最少要有三个饱满芽，上剪口离上芽两厘米，下剪口紧靠下芽剪截，插前用 500 毫克/千克吲哚乙酸溶液速蘸处理，行株距 40 厘米×30 厘米，插深只露上芽。苗床设拱棚遮荫。生根率可达 80%。

## 七、毛白杨

为杨柳科杨属植物。

## 七、毛白杨

【形态特征】 落叶大乔木，高达 40 米，胸径 2 米，树冠圆锥形、树皮青灰色，枝叶被灰白色绒毛。叶三角状卵形，长 10～15 厘米，边缘有缺刻状锯齿。雌雄异株，雌株大枝平展，雄株大枝斜举，柔荑花长而下垂。花期 3 月，叶前开放，蒴果 4 月成熟。

【分布与习性】 产于我国黄河中下游，现华北、华中、西南地区均有栽培。抗寒性较强，喜光，不耐阴，在干旱、低湿地生长不良，稍耐盐碱，抗有毒气体能力强，深根性，萌芽力强，寿命较长。

【绿化用途】 树型高大，树冠宽广，树皮灰白，叶大深绿，颇为壮观，可作行道树或庭荫树。孤植、丛植均具雄伟气概。也可作工矿绿化防护林。

【繁育技术】 多用扦插繁殖，也可以嫁接、留根繁殖，因种子稀少，播种育苗成活率低，故少用。

扦插繁殖：采用圃地根蘖苗，一年生幼苗或幼壮龄树基部粗壮枝作插穗，穗长 15～20 厘米，插前用吲哚乙酸液速蘸蘸基部，可提高成活率。北京采用 11 月中下旬落叶后，采当年生粗壮枝条，扎捆假植，翌年 3 月下旬，取出进行埋条繁殖，可采用平埋或点埋法，平埋即将枝条平放在深 3～4 厘米，宽 6 厘米沟中，双条并列，首尾错开，覆土厚在条面 1 厘米左右。点埋即在母条芽与芽之间埋土，芽露出，埋土应拍实，以免灌水时塌陷。母条埋后立即灌透水，使母条和土壤结合，一般母条枝梢部发芽快，枝基部生根早，应注意培土保墒。当苗高 30 厘米时开始间苗，最后达到每 10 米$^2$25 株左右。此时，应及时剪去侧枝,培养主干。当年苗高可达 1.2～1.5 米。

留根繁殖:在扦插圃中,苗木出圃后,留下的苗根很多,可适当松土、施肥,留下的苗根可陆续长出萌条,此繁殖法可在 4～5 年内每年产出苗木,是最简易的育苗法。

## 八、加拿大杨

又名:加杨、欧美杨、意大利杨。为杨柳科杨属植物。

【形态特征】 落叶乔木,高达 30 余米,胸径 1 米。树冠阔圆形,树皮灰褐色,小枝具 3 条棱脊、单叶互生,近三角形,边缘有钝齿,长 7～10 厘米,叶柄扁。雌雄异株,柔荑花序,下垂。果序长达 27 厘米,蒴果小、2 裂、种子基部有长毛,花期 3～4 月,果 5 月成熟。

【分布与习性】 本种为美洲黑杨(P. deltoides. Marsh)和欧洲黑杨(P. nigra. L)的杂交种,19 世纪引入我国,自哈尔滨以南到长江流域各省、自治区广为栽培。杂交优势明显,生长势适应性均很强,耐寒、喜光、耐旱、耐涝,耐瘠薄碱性土壤,对有毒气体抗性强,萌蘖力强,生长快,但寿命较短,雄株多,雌株少见。

【绿化用途】 树体高大,树冠宽阔,叶片大而光亮,夏季浓绿,是很好的行道树、庭荫树或作城市防护林栽培。是我国华北至江淮平原常见的绿化树种。

【繁育技术】 主要是用扦插繁殖,为避免果熟时的飞絮污染,都选用雄株扦插。易成活,扦插苗当年秋季落叶后挖起假植,至翌年春按行距 1.2 米、株距 0.8 米移栽,注意及时摘去萌蘖,2～3 年生苗木胸径可达 4～5 厘米,高 3～4 米，即可出圃定植。埋条，留根繁殖法，可参阅“毛白杨”的繁殖技术。

## 九、旱　柳

又名：柳树、立柳。为杨柳科柳属植物。

【形态特征】 落叶乔木，高达 18 米，胸径 80 厘米，树冠卵圆形，枝直伸或斜展，单叶互生，披针形，长 5～10 厘米。雌雄异株，柔荑花序，蒴果 2 裂，种子基部有丝状长毛，花期 3～4 月，果 4～5 月成熟。旱柳常见栽培变种有：馒头柳 cvumbraculifera 枝丛生，枝梢整齐，形成半圆形树冠；龙须柳 Tortusa，枝条扭曲向上，树体较小，生长势较原种弱。

【分布与习性】 分布甚广，从东北、华北至华中、华南、西南均产，抗寒，抗热性均很强，喜光不耐阴，对水分适应性强，既耐水湿，又耐干旱，对土壤要求不严，根系发达，萌芽力强，生长快。

【绿化用途】 树型高大，树冠丰满，生长快，长势旺。可作行道树，庭园树，防护林及沙荒造林。因雌株果熟后柳絮飞扬，对环境污染，故在精密仪器厂、研究所、幼儿园及医院等地不宜栽植或选栽雄株。馒头柳可作灌木配植，龙须柳可作特殊观赏品种栽在池边、路旁、假山脚下。

【繁育技术】 以扦插为主。扦插在春、秋两季均可，极易成活，常用大田高垄扦插法，选粗壮枝条，剪成 15 厘米长的插穗，垄距 70 厘米，株距 15～20 厘米，插后从侧方灌水，约一个月即可生根。当苗高约 1 米时，应及时剪去竞争枝，保持顶端优势，落叶后，起苗入沟假植越冬，翌年春季按行株距 120 厘米×80 厘米移植，移植苗萌芽后应将高 1/2 以下萌蘖去掉。

播种繁殖：在 4 月间种子成熟时，随采随播。种子用量每 667 米$^2$0.25～0.5 千克，在幼苗长出第一对真叶时即可间苗，当苗高 3～5 厘米时定苗，当年苗高可达 60～100 厘米，播种繁殖优点是苗木寿命长，缺点是管理复杂，生长较慢。

## 十、垂　柳

又名：水柳、倒柳。为杨柳科柳属植物。

【形态特征】　落叶乔木，高达 18 米，树冠倒卵形，小枝细长下垂。单叶互生、狭披针形，长 8～16 厘米。雌雄异株，柔荑花序，蒴果熟时 2 裂，种子基部有白色丝状毛（柳絮）。花期 3～4 月，果 4～5 月成熟。

【分布与习性】　主产于长江流域及其以南各省、自治区，现于华北、西北、东北地区均有栽培。耐寒性强，喜光，耐水湿，短期水淹不死，对土壤适应性强，根系发达，萌芽力强，生长快。

【绿化用途】　枝条柔软，随风飘逸，姿态优美，是河湖岸边绿化栽植的首选树种，也可作行道树、庭荫树或孤植、列植、丛植于公园湖边或草坪边缘、建筑物旁。

【繁育技术】　以扦插繁殖为主，极易成活，自古即有“无心插柳柳成荫”之说，扦插繁殖方法与旱柳相同。当苗高 20 厘米时要及时间苗、定苗；苗高 100 厘米时要剪去竞争枝，突出主干，适当疏剪下部侧枝，秋季落叶后要将幼苗 1/2 以下枝条剪去，1/2 以上侧枝也要短截，翌年春按行株距 120 厘米×80 厘米移植养护，2～3 年生可育成胸径 4～5 厘米、高 3～4 米的大苗出圃。

播种繁殖：要随采随播，因种子细小，整地要细致，采用畦内宽幅条播，覆土要浅，播后要及时灌水，以后土壤干燥时早晚用喷壶轻洒。当年苗高可达 100 厘米，即可移栽。

## 十一、枫　杨

又名：平柳、柜柳、水麻柳。为胡桃科枫杨属植物。

【形态特征】　落叶乔木，高达 30 米。胸径 1 米以上。羽状复叶、互生、叶轴有翅，小叶 9～23 枚，长椭圆形，长 5～10 厘米。雌雄同株，柔荑花序，雄花序生上年枝侧，雌花序生当年新枝顶端。花序及果序均长而下垂，坚果两侧有翅。花期 4～5 月，果 8～9 月成熟。

【分布与习性】　产于华北、华中、华南至西南各省、自治区，栽培甚广。喜温暖、较耐寒，辽宁省可栽。喜光，稍耐阴、耐水湿性强，短期水淹不死。对土壤要求不严，深根性，根系发达。萌芽力强。生长较快。

【绿化用途】　树冠宽阔，枝叶茂密，生长较快，适应性强，果垂吊似元宝。可栽作行道树、护堤树、池边、庭院前后。

【繁育技术】　播种繁殖为主。当果实变为黄褐色时采收，晒干、收藏，春播在 3 月上中旬，用 60℃～80℃温水浸泡 1～2 天，按 25～30 厘米行距条播，每 10 米$^2$ 用种量 150～200 克，覆土厚 1.5～2 厘米，当幼苗长至 10～15 厘米高时即应间苗、定苗，每 10 米$^2$ 留苗 120～150 株。秋播于 11 月中下旬霜冻前采用垄播法，播后灌透水，翌年春天即可出芽。枫杨幼苗根系易腐烂，因此土壤不宜过湿。枫杨幼苗期生长较慢，待 3～4 年后生长加快。

## 十二、榆　树

又名：白榆、家榆。为榆科榆属植物。

**【形态特征】** 落叶乔木，高达 25 米，胸径 1 米，树冠圆球形，树皮纵裂、粗糙。单叶互生，椭圆状卵形，长 2～6 厘米。花两性，簇生在上年枝上。翅果近圆形，长 1～2 厘米，种子位于翅果中央。花期 3～4 月、果 4～5 月成熟。

**【分布与习性】** 产于东北至华东，华北栽培最广。耐寒性强，喜光、耐旱、不耐水湿，对土壤要求不严，主根深，侧根发达，抗风力强，对有毒气体抗性强。萌芽力强，耐修剪，寿命长。

**【绿化用途】** 在华北、黄淮地区常作行道树、防护林、四旁绿化。也可作盆景栽培。

**【繁育技术】** 主要以播种繁殖。选择 10～20 年生壮龄母树，在 4 月果实成熟时随采随播，采用浅沟条播，沟深 1 厘米，宽 3 厘米，沟间距 20 厘米，覆土厚 0.5 厘米，覆土后稍加镇压。也可采用床播，行距 20 厘米。如用大垄育苗，垄面宽 60～70 厘米，垄间距 20 厘米。播前均需灌足底水。播后 10 天左右出苗，苗高 3 厘米时间苗一次，

10厘米时定苗，每667米$^2$留苗2万～3万株。苗高30厘米左右时，可将苗木下部侧枝剪去，苗高一米左右可出圃。

## 十三、榉　树

又名：大叶榉。为榆科榉属植物。

**【形态特征】** 落叶乔木，高达25米、树冠倒卵形，树皮深灰色，不裂，大树干树皮片状剥落，小枝细。单叶互生，卵状长椭圆形，长2～8厘米。花单性，雌雄同株，雄花簇生于新枝下部，雌花1～3朵生于新枝上部。坚果、径2.5～4毫米、偏斜。花期3～4月，果10～11月成熟。

**【分布与习性】** 主产于长江流域到华南、西南各省、自治区。有一定抗寒性，在北京可安全越冬。喜光、忌积水、也不耐干旱，对有毒气体抗性强，幼树生长偏慢，6～7年后加快。根系发达，抗风力强。

**【绿化用途】** 树形雄伟，绿荫浓密，可作行道树、庭荫树、"四旁"绿化树，孤植、列植、丛植均可。也可作工矿企业绿化和防风林树种，还可作盆景材料。

**【繁育技术】** 主要采用播种繁殖，10月中下旬种子成熟时采种，去杂阴干，随采随播，也可作沙藏待翌年春播。榉树有大小年结果现象，大年结果多，种子发芽率也高，可达50%～70%，小年种子发芽率只有20%～30%。春播可在3～4月气候转暖时进行。采用平床条播方法，行距20～30厘米，每10米$^2$用种量100～170克，覆土厚1～1.5厘米，并用地膜保温保湿。当苗高10厘米左右，出现顶部分杈生长，应及时修剪，保持单主干。并注意间苗，保持苗距 10～15 厘米，当年苗高可达 60～80 厘米。城市绿化，应留圃培养 5～8 年，大苗出圃进入快速生长期较好。

## 十四、二球悬铃木

又名：英国梧桐、英桐、悬铃木。为悬铃木科悬铃木属植物。

**【形态特征】** 落叶大乔木，高达 35 米，树皮灰白色，片状剥落。单叶互生，掌状 3～5 裂，中裂片长宽近相等，叶长 8～15 厘米，花单性，雌雄同株、雌雄花序均为头状圆球形。聚花果圆球形，直径约 2.5 厘米。常两枚成一串。花期 4～5 月，果 9～10 月成熟。本科由一球悬铃木（美桐）*P. occidentalis* L. 和三球悬铃木（法桐）*P. orientalis* L. 在英国伦敦杂交育成。故又名英国梧桐。与亲本区别是：一球悬铃木叶 3～5 浅裂，中裂片宽大于长，聚花果常单生，稀 2 个，径 3～4 厘米，原产于北美。三球悬铃木叶 5～7 深裂，中裂片长大于宽，聚花果 3～6 个一串，直径两厘米左右。原产于欧洲东南部至西亚。

**【分布与习性】** 世界各地均有引种，我国自东北、西北、华北至华中、西南、华东均广泛栽培。耐寒性较强，在西安、北京、大连均能正常生长，但在广州生长不良。喜光，不耐阴，抗旱性强，较耐湿，不耐盐碱，生长快，耐修剪，萌芽力强，能抗有毒气体和病虫害。

**【绿化用途】** 树体高大雄伟，叶大荫浓，是世界理想的行道树。

**【繁育技术】** 以扦插为主。秋季落叶后，采 1～3 年生粗壮枝条，剪成 15～20 厘米长的插穗，冬季可层积沙藏，待翌年 2～3 月进行垄插，垄距 50～70 厘米，株距15～20 厘米。直插不要偏斜。一年生枝条，插穗先发叶后长根，形成假活，不久嫩叶枯萎，由副芽再长新叶，2～3 年生枝条的插穗无假活现象。5 月间应选择一个健壮直立的芽条培育成主干，其余芽条全部剪去。苗期加强水肥管理，当年苗高可达 1～2 米。如培养作行道树大苗，翌年将苗挖起，采用大垄单行移植，行距 60～70 厘米，株距 40～50 厘米。移后及时灌透水，并连续 2～3 次追施氮肥，二年生苗高可达三米以上，即可出圃。

## 十五、枫　香

又名：枫树、大叶枫、路路通。为金缕梅科枫香属植物。

**【形态特征】** 落叶大乔木，高达 40 米，胸径 2 米。树冠宽卵圆形，单叶互生，掌状三裂。花单性，雌雄同株，雄花序总状，雌花序头状。果序球形，径 3～4 厘米，蒴果木质，宿存花柱刺状，外包刺状萼片。花期 3～4 月，果 10 月成熟。

**【分布与习性】** 原产于我国中南部及日本。耐寒性不强。喜光，较耐旱，不耐水淹。主根发达，抗风力强。萌芽力强，对有毒气体抗性强。

**【绿化用途】** 树干高大，秋叶彤红，是南方美丽的秋色叶观赏树。宜孤植、列植或群植，或作行道树，适植于工矿企业“四旁”绿化。也可盆栽。

【繁育技术】　主要以播种繁殖。选择健壮母树采种，生活力可保持一年。2～3月进行条播，播种沟深约两厘米，每平方米播种量2.5～4克。播后筛细土覆盖，稍镇压，并盖草，播后20～30天即出苗，待出苗一半时揭草，松土、除草、间苗。当年苗高可达30～40厘米。因枫香主根粗大，如需培养大苗出圃，要经过多次移植，促进侧根生长发展。

## 十六、合　欢

又名：夜合树、绒花树、马缨花。为豆科（含羞草科）合欢属植物。

【形态特征】　落叶乔木，高达16米，树冠呈伞形。二回偶数羽状复叶、互生。小叶镰刀形，中脉偏于一侧。花两性，头状花序，呈伞房状排列。花丝粉红色，细长如绒缨状。荚果带状。花期6～7月，果9～10月成熟。

【分布与习性】　喜温暖、耐寒性较差。喜光，稍耐阴。耐干旱、不耐水涝。对土壤适应性强，对有毒气体抗性强。浅根性，树皮薄，烈日暴晒易开裂。

【绿化用途】　树姿优美，树冠伞形开展，叶纤细如羽毛，花开时满树红艳，秀丽雅致。宜作行道树、庭荫树、草坪中或植于庭院中观赏。也可作工矿区绿化树。

【繁育技术】　主要用播种繁殖。种子成熟时采收干藏，待翌年3～4月播种，因种皮坚硬，播前10天用80℃

热水浸泡，并用木棍搅拌，使水自然冷却，24 小时捞出，用等量湿沙堆放于温暖处，上盖草保湿，经 7～8 日堆放，可提高发芽率至 70%～80%。采用条播，行距 30 厘米，沟深 3～4 厘米，覆土厚 2～3 厘米，播后 3～5 天即可出苗。也可采用垄播，垄距 60～70 厘米，播幅 8～10 厘米，覆土厚 1 厘米，每 10 $米^2$ 用种量约 500 克。出苗后，适时间苗，最后保持每 10 $米^2$ 产苗 100～120 株。当年苗高可达 1.5 米以上。合欢幼苗常易倾斜，应及时剪去侧枝，扶直主干。对生长较弱的苗，可在翌年早春时平茬，促使发出粗壮通直主干。3～4 年生苗可以出圃。

## 十七、国　槐

又名：槐树、中国槐。为豆科（蝶形花科）槐属植物。

**【形态特征】** 落叶乔木，高达 25 米，胸径 1～1.5 米，树冠近圆形，小枝绿色。奇数羽状复叶，小叶 7～17 枚，卵形到卵状披针形。花两性，顶生圆锥花序，花淡黄色。荚果念珠状、肉质、不裂，长 2～8 厘米，经冬不落，花期 7～8 月，果 10 月成熟，变种龙爪槐 var. pendula loud. 树冠伞形，枝弯曲下垂。

**【分布与习性】** 原产于我国黄河至长江流域各省，华北平原常见。日本也有。抗寒性较强。喜光、稍耐阴，耐旱、不耐水涝，能耐轻度盐碱土，对有毒气体抗性强。根系发达，抗风力强。

**【绿化用途】** 对城市环境适应性强，是良好的行道树和庭荫树，又是工矿区绿化的好树种，也是重要蜜源植物，龙爪槐常作庭院景观树种或植于花坛中。

【繁育技术】　主要采用播种繁殖，选择壮龄健壮母树采种，果实用水浸泡10天左右，去掉果皮，种子阴干后干藏，翌年3月下旬至4月上旬播种，播前10天左右，用80℃热水浸泡1～2天，待种子膨胀后混湿沙拌匀堆放，见到种子30%～40%发芽时，进行大田垄播，垄距70厘米，播幅宽10厘米，覆土厚3～4厘米，并镇压。或采用条播，条距35厘米，播幅10厘米，播后覆土1～1.5厘米，并镇压，从侧方灌水，盖草保湿，待长出2片真叶时间苗，最后保持株距10～15厘米。一年生苗高可达1～1.5米，秋末或早春进行移植后，任期自然生长，培养根系，第二年继续培养，待到第三年秋后，在距地面5～10厘米处将地上部分截去留一健壮的芽，培养主干，注意除去萌蘖和过强侧枝，进行整形修剪。一般4～5年才能出圃。

龙爪槐的繁殖：利用国槐作砧木，进行高接换头，嫁接高度可自定，接穗长10～15厘米，采用插皮舌接法从砧木四面插入，以塑料薄膜带绑紧，上面再套塑料袋，包扎好，可保温、保湿、提高成活率。

## 十八、日本樱花

又名：东京樱花、江户樱花。为蔷薇科樱属植物。

【形态特征】　落叶乔木，高可达16米，树皮平滑，单叶互生，卵状椭圆形，长5～12厘米，叶缘具细尖重锯齿。花粉红色，直径2～3厘米，3～6朵排成伞房花序，核果近球形，直径约1厘米，黑色。花期4月，果7月成熟。同属常见栽培的有:①日本晚樱(P. lamesiana wils),叶缘具长芒状锯齿,花大,径达5厘米,多为重瓣,花梗长而花下垂。②樱花(P. serulata Lindl),叶缘锯齿短芒状,花径2.4~4厘米,无香味,花不下垂。

【分布与习性】 原产于日本,是日本的国花。我国华北至长江流域栽培甚广,较耐寒,不耐酷暑,在北京可露地越冬,喜光,不耐干旱,喜潮湿环境,不耐盐碱,对有毒气体抗性较弱。

【绿化用途】 春天花开满树,灿烂夺目,尤其日本晚樱更是花大繁茂,令人喜爱,常栽为专类樱花园,可孤植或列植。也可在庭院中、建筑物前,或在草坪中配植。

【繁育技术】 以嫁接繁殖为主,砧木用樱桃、山樱花、桃、杏实生苗为砧木,采用枝接的劈接和切接,在春季萌芽前进行,切接成活率最高。芽接8~9月在当年生砧木上进行,接活后翌年春季剪砧,发芽抽枝后,及时除去砧木上的萌蘖。移植按行株距100厘米×80厘米,再培养两年出圃大苗。

## 十九、红叶李

又名:紫叶李、欧洲红叶李。为蔷薇科李属植物。

【形态特征】 落叶小乔木,高4~8米。小枝紫红色。单叶互生,卵形至倒卵形,长3~5厘米,紫红色。花两性、单生、粉红色,径约2.5厘米,核果球形,暗红色。花期4~5月,果7月成熟。

【分布与习性】 原产于亚洲西南部,现我国华北至中南广泛栽培，较耐寒，不耐阴，不耐干旱，较耐水湿，在轻盐碱土上也能生长，适于中性偏酸土壤，根系较浅，萌芽力较强。

【绿化用途】 枝叶秀丽鲜红，是优良彩色叶树种，可孤植，丛植于草坪角隅、池边、路旁、假山边，与常绿树配植，还可衬托出色彩美。

【繁育技术】 以嫁接繁殖为主，也可扦插。

嫁接繁殖：以桃、李、山桃、山杏为砧木，春季可利用蜡封接穗技术进行枝接，枝接时间在3～4月进行，砧木选用当年生实生苗，嫁接成活后，要及时去掉砧木的萌蘖，当年苗高可达1米，夏季7～8月可进行芽接，以山桃作砧木，长势旺盛，但叶色暗紫，山杏作砧木长势较弱，但叶色鲜红。嫁接成活后，南方可露地越冬，北方应在接口上10～15厘米处剪砧，上冻前挖起入沟假植，待翌年春天回暖时再定植。培育大苗，可在翌年按行株距60厘米×50厘米移植，培养两年，到第四年再按行株距120厘米×120厘米移植，可在苗圃定干。

扦插繁殖：选择幼龄树一年生粗壮枝条作插穗，在9～10月扦插，插穗长15～18厘米，上端1/3用蜡封闭，深插入土，只外露一个芽，并用塑料小拱棚，保温保湿，管理好，成活率可达80%。

## 二十、桃

又名：白桃、毛桃、桃树。为蔷薇科李属植物。

【形态特征】 落叶小乔木，高3～5米，树皮暗紫红色，枝绿色，向阳处呈红褐色，常三芽并生。单叶互生，卵状披针形，长 7～16 厘米，花两性，单生叶腋，粉红色、近无柄，先叶开放。核果近球形，表面密被毛，径 3～5 厘米。花期 3～4 月，果 6～8 月成熟。观赏桃花有以下常见变型：①白碧桃（f. albo-plena）：花白色，复瓣或重瓣。②碧桃（f. duplex）：花淡红，重瓣。③红碧桃（f. vero-plena）：花红色，复瓣，萼片常 10 枚。④绛桃（f. camelliaeflra）：花深红色，复瓣。⑤洒金碧桃（f. versicolor）：花复瓣，同一株或一朵花有红、白二色。⑥紫叶桃（f. atropurpurea）：叶紫红色，花淡红色。⑦垂枝桃（f. pensa）：枝下垂。

**【分布与习性】** 原产于我国中部，在我国栽培已达 3 000 多年，自东北至华南、西南，栽培甚广。耐寒、喜光、耐旱，不耐湿，不耐黏土和碱土，根系浅，侧根发达，移植易活，寿命长。

**【绿化用途】** 春季先叶开花，花期长，色彩艳丽，是重要观花树种。宜植为专类桃花园，或植于池边、石旁、庭院中、墙隅、草坪中，也可作切花、盆栽或桩景。

**【繁育技术】** 主要以嫁接繁殖，砧木北方用山桃、南方用毛桃、枝接在 3 月芽开始萌动时进行，常用切接或插皮接，嫁接部位离地面 20～30 厘米，高接离地面 1.2～1.5 米。芽接可在 7～8 月进行，采用“T”字形芽接法，接后注意去萌蘖，接活的芽当年休眠，落叶后将接芽上方 1.5 厘米处剪砧，并挖起嫁接苗入沟假植，翌年春季裸根或蘸泥浆移植。

播种繁殖：用于培养砧木，当果实成熟时采收，去果皮晾干，沙藏，当年10月下旬至11月上旬开沟点播，沟深6～10厘米，株距15厘米，覆土厚6厘米左右，幼苗高3厘米时间苗、定苗，株距20～25厘米，苗高25～30厘米时摘心，使苗木增粗，至夏末秋初，即可达到嫁接粗度要求。

## 二十一、梅

又名：红梅、春梅、干枝梅。为蔷薇科李属植物。

【形态特征】　落叶乔木，树皮褐紫色，小枝常绿色。单叶互生，长卵形、先端尾尖，花两性，单生或2朵并生，具短梗，淡红色或白色。核果近球形。花期1～2月，果6月成熟。按形态分为3系、5类、16型300多个品种，即①真梅系为梅花的嫡系，分直枝类，垂枝类，龙游类3类。②杏梅系，为梅与杏或山杏的杂交种，仅杏梅类1类3型。③樱李梅系，19世纪由法国人育成，我国1986年由美国引入，仅美人梅类1类1型1品种。

【分布与习性】　原产于我国西南至西北。黄河、长江流域广泛栽培，不耐严寒酷暑，在北京常作盆景。喜光，忌积水，对土壤酸碱性要求不严，萌芽力、萌蘖力较强，寿命长。

【绿化用途】　寒冬先叶开花，树姿古朴，花色素雅，花态秀丽，是我国自古以来的观花珍品，传统与常绿的松、竹配置成“岁寒三友”。宜植于庭院、草坪、低山、丘陵，或成片栽植营造专类园，也是盆景桩景或切花的好材料。

【繁育技术】　常用嫁接、扦插、压条或播种繁殖。

嫁接繁殖：以桃、山桃作砧木，易成活，但寿命较短，病虫较多，用山杏、杏或果梅作砧木成活稍低，但寿命长，病虫害少。嫁接方法，在北方 9 月上旬采用方块芽接或盾形芽接，在江南多于春季发芽前采用切接、腹接或在 9 月下旬进行腹接。

扦插繁殖：早春花后或晚秋落叶后，取一年生壮条，截成 10～15 厘米长的插穗，插前用 0.05％的吲哚乙酸溶液速蘸基部，插入土中 1/2，插后填土，灌水，越夏应搭荫棚遮荫。压条于 2～3 月选 1～2 年生根际萌条，用利刀环剥大部，埋入土中 3～4 厘米深，注意经常保湿，秋末可割离分栽。砧木播种繁殖可参阅“桃花”播种繁殖技术。

## 二十二、香　椿

又名：椿芽、椿甜树。为楝科香椿属植物。

【形态特征】　落叶乔木，树皮赭褐色。偶数羽状复叶，小叶卵状披针形，新叶红色，入秋又变红，揉搓后有特殊香味。花两性，白色、顶生圆锥花序。蒴果，长椭圆形，熟时上部反卷，种子一端有长翅。花期 5 月，果 9～10 月成熟。

【分布与习性】　原产于我国中部至华北，栽培甚广。抗寒，抗旱能力较强，喜光，不耐阴，较耐水湿，对有毒气体有较强抗性。深根性、生长快、萌芽力强。

【绿化用途】　树冠宏大，枝叶繁茂，树干端直，生长快，是华北、华中地区较理想的庭荫树和行道树，又是重要的用材树和嫩叶芽作食用蔬菜。

繁育技术：播种和扦插繁殖，也可分蘖繁殖。

播种繁殖：种子成熟时及时采收，晾晒，去杂干藏，翌年2～3月春播，播前10天用40℃温水浸泡2～4小时，用湿沙堆藏，每天翻拌，待种子大部分膨胀裂嘴时，即可播种，采用条播，条距25～30厘米，覆土厚0.5厘米，浇水盖草，保温保湿。播后5～7天开始出芽，即可揭草，苗高5～10厘米时间苗，保持株距15～20厘米，每10米$^2$产苗量120～150株。幼苗初期生长慢，6～8月生长较快，一年生苗可高达40～80厘米。

扦插繁殖：嫩枝，硬枝，根插均可，以根插最好，利用大苗出圃时留下1厘米以上的侧根，剪成10～15厘米长，斜插入土，待萌条长到15厘米左右时，每一根插穗，只留一个粗壮苗条，加强培养，当年可长到1米以上。

分蘖繁殖：香椿萌蘖性强。根际常长出许多根蘖，可在春季将萌蘖连根挖出，移栽，很容易成活。

## 二十三、喜　树

又名：旱莲木。为蓝果树科喜树属植物。

【形态特征】　落叶乔木，高达30米。单叶互生，长圆状卵形，长12～28厘米。花杂性同株，由头状花序组成总状花序，顶生的头状花序为两性花，其余头状花序均为雄花。翅果长2～2.5厘米。花期5～7月，果9～10月成熟。

【分布与习性】　产于长江流域至华南，在华中、华东、华南地区栽培广泛，不耐干旱，较耐水湿。喜光性强，适于河滩沙土或江湖堤岸的冲积土。生长快，萌芽力强。

【绿化用途】 树冠开展、主干通直，生长快，是庭荫树或行道树的好树种。

【繁育技术】 以播种繁殖为主，种子成熟时应及时采收、晒干、去杂干藏或混沙贮藏。翌年2～3月春播。采用条播，行距30厘米，播后最好用细沙混以草木灰覆盖，厚1厘米，并盖草、浇水。播后5～7天出苗，待苗高3～4厘米时，进行间苗定苗。株距25～30厘米，加强水肥管理，1年生苗高可达80～100厘米。翌年可按行株距80厘米×60厘米移植，培植大苗。

## 二十四、栾　树

又名：灯笼树、摇钱树。为无患子科栾树属植物。

【形态特征】 落叶乔木，高达25米，树冠球形，奇数羽状复叶，有的部分为二回羽状复叶，小叶长卵形，边缘有粗锯齿或羽状分裂，嫩叶紫红，秋叶金黄，圆锥花序顶生，花淡黄色。蒴果红褐色，三角状卵形。果皮膜质膨大、种子、圆形、黑色。花期7～8月，果9～10月成熟，同属常见栽培种有：①复羽叶栾树（K. bipinnata Merr）：二回羽状复叶，叶缘锯齿较细，果鲜红色。②黄山栾树（全缘叶栾树）（K. integrifol：aMerr）：二回羽状复叶，小叶全缘。

【分布与习性】 原产于我国从东北至华东、西南，栽培甚广。耐寒、喜光、耐旱、耐湿，耐瘠薄土壤。对有毒气体抗性强、深根性、抗风力强，萌芽力强。

【绿化用途】 枝叶繁茂，色彩鲜艳，黄花、红果，十分美观,常栽作行道树、庭园观赏树和庭荫树。

【繁育技术】　主要以播种繁殖,种子采收后,因种皮坚硬,不易透水,应层积沙藏越冬,翌年 3～4 月用湿沙拌种催芽,保持湿而无水渍,温度在 20℃～25℃,约 15 天可萌芽。播种方法,以点播为好,株距 20 厘米,覆土厚 2～3 厘米,当幼苗长到 5～10 厘米时间苗,间苗应在阴雨天结合小苗移植进行,定苗株距 10 厘米左右,一年生苗高可达 80～100 厘米。翌年春,叶芽萌动时,按行株距 1 米×0.5 米移植,通过 2～3 次移植,可培养大苗出圃。在移植中,遇茎干弯曲的苗木,可采取截干,重新培养新干,截干部位在离地面 5～10 厘米处截去,只留一个壮芽,促进根系发展,使壮芽培育成通直主干。

根插繁殖:当苗木出圃时,圃地留下大量根系,可利用进行根插,成活率很高。

## 二十五、鸡爪槭

又名:鸡爪枫、青枫、雅枫。为槭树科槭树属植物。

【形态特征】　落叶小乔木,高可达 8～13 米,树冠伞形,枝细长,斜展。单叶对生,5～9 掌状深裂,直径 5～10 厘米,花杂性,紫红色,伞房花序顶生。翅果张开成钝角。花期 5 月,果 10 月成熟。常见重要栽培变种有:①红枫(紫叶鸡爪枫)(cv. Atropurpureum):叶常年紫红色。②羽毛枫(细叶鸡爪槭)(cv. Dissetum):叶掌状 7～11 深裂,近基部,裂片羽状细裂,秋季叶色鲜红,小枝下垂,树体矮小。③黄枫(金叶鸡爪槭)(cv. Aureum):叶全年黄色。④

蓑衣枫（深裂鸡爪槭）（cv. Thunbergii）：叶较小，掌状深裂，裂片先端长尖，翅果短小。

【分布与习性】 主产于长江流域，南至贵州，北至河南、山东。朝鲜、日本也有。喜温暖，稍耐寒，喜光，稍耐阴，较耐旱，不耐水涝，对土壤要求不严，对有毒气体抗性较强。

【绿化用途】 树姿优美、叶形秀丽、入秋变红、引人入胜。宜植于花坛、草坪、路边、溪畔，孤植、群植均可。可作盆景美化庭院室内，也是很好的切花配材。

【繁育技术】 用播种或嫁接繁殖。

播种繁殖：秋季果熟后，采收晾晒去翅，即可播种，也可沙藏至翌年 2 月春播，先用 30℃温水浸泡 24 小时，待种子膨胀后开沟条播，行距 15～20 厘米，覆土厚一厘米，幼苗出土后应及时搭棚遮荫、保湿。苗高 5～6 厘米时，可间苗、定苗，加强水肥管理，当年苗高达 30～50 厘米。如需培养大苗翌年可移植一次。

嫁接繁殖：红枫、羽毛枫等园艺品种，常用嫁接繁殖。砧木用 2～3 年生的鸡爪槭实生苗。春季 3～4 月当砧木芽开始膨大时进行，切接或腹接。嫁接高度最好于50～80 厘米处。当年接穗可长到 50 厘米以上。5～6 月间可进行芽接。8～9 月间，可进行单芽腹接，成活率高。当年可成苗。

## 二十六、紫　薇

又名：百日红、痒痒树、无皮树。为千屈菜科紫薇属植物。

【形态特征】　落叶小乔木，高可达 7 米。树冠不整齐，枝干多扭曲，树皮淡褐色，光滑，薄片状剥落，小枝四棱形。单叶对生或近对生，椭圆形，长 3～7 厘米。顶生圆锥花序，花两性，径 3～4 厘米，花瓣 6 枚，鲜红色、淡红色或白色，有皱褶，具长柄。蒴果近球形。花期 6～9 月，果 10～11 月成熟。常见有两变种：①银薇（var. alba）：花白色，叶色淡绿。②翠薇（var. rubra）：花紫红色，叶色深绿。

【分布与习性】　原产于东南亚至大洋洲。我国华中、华东、华南、西南均广泛栽培。不耐严寒、喜光、稍耐阴，耐旱、不耐涝。萌蘖性强，花期长达 120 天以上。抗污染性强，生长缓慢。

【绿化用途】　树干光滑，花色艳丽，花期长，故有“百日红”之称，宜植于庭园、建筑物前、池旁路边、草坪中，孤植、丛植或制作盆景、桩景。

【繁育技术】　主要以播种和扦插繁殖。

播种繁殖：果实未完全成熟前即应采收、晾晒、脱粒、干藏至翌年 3～4 月，播前用温水浸泡，采用条播，条距 30 厘米，播幅 5 厘米，播后覆土、盖草，约 20 天发芽，待苗高 3 厘米时间苗至株距 10～15 厘米，6～8 月追肥 2～3 次，当年苗高可达 50～80 厘米，管理好、当年实生苗即可开花。

扦插繁殖：早春发芽前，结合修剪选 1～2 年生健壮枝条作插穗，剪成 15～20 厘米长，插入土中 2/3，苗床以沙土为好，注意保湿，20 天左右可生根，成活率可达 90%，也可在梅雨季节，采用当年嫩枝扦插，但应注意遮荫、保湿，若采用自动喷雾，生根更快。

## 二十七、白花泡桐

又名：大果泡桐、泡桐。为玄参科泡桐属植物。

【形态特征】 落叶乔木，高达 27 米。树冠宽卵形，单叶对生，叶卵形，长 15～25 厘米。圆锥花序，长 40～60 厘米，花两性，花冠漏斗形，近白色。蒴果长椭圆形，长 3～5 厘米，种子细小具翅。花期 4 月，果 10 月成熟。在华北地区，同属常见的有兰考泡桐 P. elongata S. Y. Hu，与白花泡桐区别是叶较宽、花序较大，果较小。

【分布与习性】 主产于长江流域及其以南各省、自治区，栽培甚广。耐寒性较差，强阳性，耐干旱，适于疏松沙质土壤。忌水涝，抗污染，萌芽力，萌蘖力强，生长快。

【绿化用途】 主干端直，冠大荫浓，春季繁花满树。适于作行道树、庭荫树，工矿区绿化，四旁栽植，又是农林间作的好树种。

【繁育技术】 主要以埋根和播种繁殖。

埋根繁殖：利用苗木出圃留下的余根，选粗度1.5～2 厘米的根，剪成 15～20 厘米长。春季可随采随埋，秋季可分级打捆，湿沙贮藏，翌年春季 3 月上旬，按行株距 1 米×0.8 米直插入土，上端与地面平，埋后覆土厚 1～2 厘米。细根，不必剪断，首尾相连，平埋于深 3 厘米的沟中，覆土压实。埋根育苗 20～25 天全部出苗，应及时施肥、灌水。当苗高10厘米时定苗，在多个根蘖苗中，选留1个壮苗，其余全部抹去。当年苗高可达3～4米。

播种繁殖：当果实成熟时，适时采种，晾晒5～7天，种子脱出，每果有种子300～1 000粒，去杂干藏，待翌年4月播种，播种前用30℃～40℃温水浸泡24小时，捞出层积沙藏，每天上下翻倒，3～5天种子开始萌动，即可下种。采用撒播、条播均可，播种时因种子太细小，床土要湿润，整平覆土要薄而均匀。播后加盖地膜增温、保湿。一般10天左右出苗，当小苗出齐后适时揭去地膜，当小苗长到3～4对真叶时，可在床面培盖细沙，停止浇水，刺激根系发育，并进行间苗，每10米$^2$留苗约60株。年生长量可达1米以上。如培养大苗出圃，当年冬季平茬，截干养根，2～3年苗高达3～4米。

## 二十八、楸　树

又名：金丝楸、梓桐。为紫葳科梓树属植物。

【形态特征】　落叶乔木，树干端直，高达20～30米，树冠倒卵形，小枝多弯曲。单叶对生或三叶轮生，三角状卵形，长6～16厘米。总状花序呈伞房状排列，顶生。花两性，花冠浅淡红色，钟状唇形，长2～3.5厘米。蒴果细长，长25～50厘米，直径约5毫米。花期4～5月，果8～9月成熟。

【分布与习性】　主产于黄河和长江流域各省、自治区，华北栽培较多，不耐严寒、干旱和渍水洼地。喜光，幼苗较耐荫蔽。对土壤酸碱度要求不严。对有毒气体抗性强。根蘖和萌芽力强。生长快，年高生长量 1～1.3 厘米。寿命长，北京有古树。

**【绿化用途】** 树干通直，树形雄伟，叶大荫浓，花色艳丽。宜作庭荫树、观赏树、行道树，或孤植于草坪或假山旁。

**【繁育技术】** 播种和埋根繁殖，以播种为主。

播种繁殖：3 月下旬，播前用 30℃～40℃温水浸4～6 小时，晾干沙藏催芽，经 10 天左右，有 30％种子裂嘴即可播种，采用条播，条幅 20～30 厘米，每 10 米$^2$ 用种量 40 克左右，覆土厚 0.5 厘米，并盖地膜。出现 3 对真叶时开始间苗，移植时，按行株距 25 厘米×15 厘米，一年生苗高约 50～100 厘米。

埋根繁殖：3 月中旬，选 1～2 厘米粗的根截成15～20 厘米长，斜埋并保湿，当苗高 10 厘米左右，及时除蘖，行株距 30 厘米×30 厘米，一年生苗高 1.2～1.6 米，地径 1.5～2 厘米。

# 第九章　常用常绿灌木树种

## 一、含　笑

又名：含笑梅、山节子。为木兰科含笑属（白兰花属）植物。

【形态特征】　高可达2～5米。分枝稠密，小叶和叶柄密生茸毛。单叶互生，椭圆形，革质，长4～10厘米。花单生叶腋，黄绿色，香味浓，花径2～3厘米。聚合蓇葖果。花期3～4月，果10～11月成熟。

【分布与习性】　原产于华南山地，现长江以南各省、自治区广泛栽培。不耐严寒，在－10℃易受冻，较耐阴，忌烈日强光，喜湿润气候及酸性土壤，不宜石灰质土地，不耐涝。

【绿化用途】　枝叶密集，四季常青，花香扑鼻，为南方著名芳香花木，适于庭院、公园、街道小游园、草坪边缘、办公楼前、宾馆、会场及建筑物窗前，也可家庭盆栽。

【繁育技术】　以扦插繁殖为主，也可嫁接、播种或压条。

扦插繁殖：于6月间花谢后，采当年生8～10厘米新梢作插穗，保留上部2～3叶，圃地宜排水良好的沙质壤土，插后浇透水并搭荫棚，遮荫保湿。

播种繁殖：应将成熟种子层积沙藏越冬，至翌年春季点播或盆播，注意浇水遮荫，一般5月下旬即可萌芽。萌生幼芽仍须防止烈日暴晒。

【压条繁殖】 可在5月上旬，花谢后进行，7月上中旬可生根，9月中旬剪离母体，移植。

## 二、山 茶 花

又名：茶花、耐冬花。为山茶科山茶属植物。

【形态特征】 小灌木，小叶黄褐色，单叶互生，叶卵形或椭圆形，革质，表面有光泽。长5～11厘米。花单生或2～3朵顶生或腋生。花瓣单轮至数轮，直径5～12厘米，色彩鲜艳。蒴果近球形，果径2～3厘米。花期2～4月，果10月成熟。有几个常用变种：①白山茶（var. alba）：花白色，单瓣。②白洋茶（重瓣白山茶）（var. alba-plena）：花白色，重瓣。6～10轮。③红山茶（var. anemoniflora）：花红色，有5枚大花瓣，有些雄蕊变成狭小的花瓣。④紫山茶（var. lilifolia）：叶狭披针形，似百合叶，花紫色。⑤玫瑰山茶（var. magnoliaeflora）：花深红色，半重瓣。⑥重瓣花山茶（var. polypetala）：叶圆形，枝密集，花瓣白色有红纹，重瓣。山茶的园艺品种有500余个。

【分布与习性】 原产于我国中部及日本。现长江流域及各省、自治区栽培甚广。适于无严寒酷暑的亚热带气候，在－10℃低温和35℃高温能正常生长。喜半阴，忌烈日暴晒。喜肥沃湿润、排水良好的酸性土，不耐盐碱和黏重积水的地段。

【绿化用途】 叶色翠绿有光泽、四季常青、花大色艳、品种繁多，是园林景点和布置会场、客厅、走廊的材料。常植于草坪边缘、花坛、房前、宅旁。也可盆栽。

【繁育技术】　扦插、嫁接或播种繁殖。

扦插繁殖：7～8月间，选当年已停止生长半木质化健壮枝条作插穗，粗度3～4毫米，长8～12厘米，上部留两叶，随采随插，行株距12厘米×6厘米，插入土中三厘米。床土应保持湿润，床上应设双层荫棚，避免强光直射。插后约两个月可生根。

嫁接繁殖：以油茶或单瓣山茶作砧木，用靠接、枝接、芽接均可。靠接易成活，但管理不便。枝接和芽接应用较多。

播种繁殖：主要用于培育砧木，应随采随播或湿沙冬藏，翌年春播。

## 三、十大功劳

又名：狭叶十大功劳、黄天竺、猫儿头。为小檗科十大功劳属植物。

【形态特征】　常绿灌木。叶互生，奇数羽状复叶，小叶5～9枚，狭披针形，革质，边缘有6～13对刺针状锯齿，秋后变红。花序总状，花小，黄色，浆果卵形，蓝黑色，有白粉。花期6～8月，果11～12月成熟。同属阔叶十大功劳(M. bealei)，叶宽大而厚，花具香气。

【分布与习性】　原产于我国湖北、四川、浙江等省，现于长江流域广泛栽培。不耐高温，在低于－6℃时有冻害，耐阴性强，能耐旱，在湿润、排水良好的沙质壤土上生长旺盛，萌蘖力强。

【绿化用途】 叶形奇特，秋后变红，花黄色成簇，果蓝黑，因此，叶、花、果均具观赏价值。常植于庭园路旁，草坪边缘，或作绿篱，也可盆栽。

【繁育技术】 可用扦插繁殖、播种或分株繁殖，以扦插繁殖为主。

扦插繁殖：3 月间选二年生健壮枝条，或 6～7 月间，用当年生半木质化枝条作插穗，插穗长 10～12 厘米，上部留 4 枚叶片，插深 7～8 厘米，插后遮荫并浇水，以后要经常叶面喷水保湿。

播种技术：可在种子成熟时随采随播，也可沙藏越冬，待翌年 2～3 月春播，采用条播，条距 25 厘米，穴距 20 厘米，每穴播 3～5 粒种子。播后覆土、盖草保湿，约一个月后即可发芽出土，一般培育 2～3 年，苗高约 30 厘米即可移栽。

分株繁殖：可在生长停止后进行。因萌蘖力强，分株栽植很易成活。

## 四、南天竹

又名：天竹、兰竹。为小檗科南天竹属植物。

【形态特征】 常绿丛生灌木，高达 2 米，分枝少，叶互生，2～3 回羽状复叶，小叶椭圆状披针形，长 3～10 厘米。花小，白色，顶生圆锥花序。浆果球形，多为鲜红色，也有白色、黄色、紫红色的。花期 5～7 月，果 9～10 月成熟。

【分布与习性】 原产于我国长江流域，现华北、华中、华东地区均广泛栽培。喜温暖，可耐－5℃低温，耐阴性强，不宜烈日直射，较耐旱，不耐积水。喜石灰质排水良好的肥沃土壤，萌芽力强，生长慢，寿命长。

【绿化用途】 茎干丛生，枝叶清秀，秋叶变红，果色艳丽，经久不落，是优良的观叶、观果植物。可植于花坛、庭前角隅、草坪边缘，也可作绿篱或盆栽。

【繁育技术】 以播种、分株繁殖为主，也可扦插。

播种繁殖：可在秋季随采随播，或沙藏后翌年春天再播。播后应搭荫棚，避免强光，保持土壤湿润，2～3 个月才能出苗，幼苗生长缓慢，第一年苗高三厘米左右，第二年可长到 20 厘米。可带土球移栽，3～4 年生才能开始结实。

分株繁殖：在早春发芽前进行，将根系挖出，连茎干劈成几份，剪去上部枝条，分株栽植，行距 50～60 厘米，株距 30～40 厘米。

扦插繁殖：在春季或雨季进行，选取 1～2 年生健壮枝条，剪成 15～20 厘米长的插穗，下部用萘乙酸或吲哚乙酸处理，插入沙中 10～15 厘米，插后遮荫保湿并常喷水，保持空气相对湿度 85%～95%，插后 1～2 个月才能生根。

## 五、红 檵 木

又名：红花檵木。为金缕梅科檵木属檵木的变种。

【形态特征】 常绿灌木，嫩枝叶均密生暗红色毛，单叶互生，革质，卵形或椭圆形，长 2～5 厘米，嫩叶鲜红色，老叶暗红色。花紫红色，4～8 朵簇生枝顶。花瓣带状。蒴果木质，倒卵形。花期 4～5 月，果 9～10 月成熟。

【分布与习性】 产于长江中下游及以南各省、自治区，现广泛栽培。喜温暖，不耐严寒，喜光，稍耐阴，耐旱，萌枝力强，耐修剪。

【绿化用途】 枝繁叶茂，花叶俱红，常植为花篱或配植于花坛、草坪边缘，园路角隅，房前宅旁，也可作盆栽佳品。

【繁育技术】 以扦插为主，也可压条、嫁接或播种繁殖。

【扦插繁殖】 可在 5～8 月雨季进行，采用当年生半木质化枝条，剪成长 10～15 厘米长的插穗，行株距 20 厘米×10 厘米，插穗插入土中 1/2～1/3，插后立即遮荫，适时喷水，30～40 天可生根。

播种繁殖：种子成熟后，低温阴干贮藏，翌年春用温水浸种催芽，开沟条播，覆松土厚约 1 厘米，并盖草保温保湿。发芽率较低。

嫁接繁殖：可用播种繁殖的实生苗作砧木，用枝接、芽接均可。

## 六、大叶黄杨

又名：正木、冬青卫矛。为卫矛科卫矛属植物。

【形态特征】 常绿灌木或小乔木，高约 3～5 米，小枝绿色。单叶对生，椭圆形至倒卵形，长 3～6 厘米，革质,表面有光泽。花绿白色,聚伞花序,腋生。蒴果,扁球形,径 8～10 毫米,淡红色,熟时 4 瓣裂。花期 5～6 月,果 9～10 月成熟。常用品种:①金边大叶黄杨(cv. Ovatus Aureus):叶缘金黄色。②金心大叶黄杨(cv. Aureus vanegatus):叶中脉附近金黄色。③银边大叶黄杨(cv. Albo marginatus):叶缘白色。④银斑大叶黄杨(cv. Latifolius Albo-marginatus):叶较宽,白边很宽。⑤斑叶大叶黄杨(cv. Ducd Anjoi):叶有灰色或黄色斑。

【分布与习性】 原产于日本,我国黄河以南各地广泛栽培。喜温暖,较耐寒,喜光,稍耐阴,能耐干旱瘠薄土壤,萌芽力强,耐修剪,寿命长。

【绿化用途】 叶浓绿,四季常青,并有多种色斑品种,是很美的观叶树种。常用作绿篱或配植于花坛、草坪、庭院中,也可盆栽。

【繁育技术】 以扦插、播种繁殖为主,也可嫁接或压条。

扦插繁殖:春、秋季均可,剪当年生健壮枝条,插穗长 10～15 厘米。行株距 10 厘米×5 厘米,插深 3～5 厘米,插后及时灌水,遮荫。一般 30 天可生根,一年后移栽一次,行株距 40 厘米×20 厘米,两年后可出圃。

播种繁殖:采种后,洗净,用水浸泡两天,再层积沙藏,翌年春当种子有 1/3 萌动时即可播种。采用条播,播深 1.5 厘米,覆土、灌水、保温保湿。

嫁接繁殖:对优良品种,可采用嫁接繁殖,用芽接,既简便成活率又高,砧木可用原种实生苗,或卫矛属常见种。嫁接苗可提高抗寒力。

## 七、锦熟黄杨

又名：爪子黄杨、豆瓣黄杨、小叶黄杨。为黄杨科黄杨属植物。

【形态特征】 常绿灌木。小枝四棱形，密集。单叶对生，椭圆形或卵状长椭圆形，长1～3厘米，表面深绿色、有光泽、背面绿白色。花淡绿色，单性同株。蒴果三角鼎状，熟时黄褐色，花期4月，果7月成熟。同属常用绿化栽培的还有：①雀舌黄杨（B. bodinieri）：常绿小灌木，分枝密集，叶形为长倒披形，长2～4厘米。②细叶黄杨（B. barlandii）：过去混称雀舌黄杨，其区别在于叶更窄，分枝较稀疏。③黄杨（B. sinica）：叶倒卵形或倒卵状椭圆形，长2～3厘米，与锦熟黄杨区别是叶最宽处在中部以上，枝叶较稀疏。与雀舌杨和细叶黄杨区别是叶较宽。

【分布与习性】 原产于南欧、北非和西亚。我国从华北至华南均有栽培。较耐寒、耐阴、耐旱，但不耐水湿。不耐烈日暴晒，抗有毒气体性强，耐修剪，生长慢，寿命长。

【绿化用途】 枝繁叶茂，常用作绿篱或植于草坪边缘、建筑物周围、路旁、林下或作盆景。

【繁育技术】 多用扦插繁殖、也可播种和压条。

播种繁殖：在种子成熟时及时采收，蒴果采回后，置阴凉处，使其自然风干开裂，净种后用湿沙土贮藏，当年10月中旬可秋播，每10米$^2$用种量400～500克，采用条播或撒播，播后覆土厚 1.5 厘米，北方冬季须盖草片防寒，同时搭荫棚保温、保湿。待幼苗长到 3～4 厘米高，即可间苗，每 10 $米^2$ 留苗 800 株左右。至秋季，苗可长到 15～20 厘米高，5～6 年生苗长到高 60 厘米以上，即可出圃。

扦插繁殖：多在雨季进行，选取长 10～12 厘米半木质化带踵枝条作插穗，上部留 2～3 叶，插深 5～8 厘米，插后浇透水，并搭荫棚，保温保湿。约 40 天可生根，冬季须覆盖塑料薄膜防寒。

## 八、月　季

又名：月月红、四季花、中国月季。为蔷薇科蔷薇属植物。

【形态特征】　常绿或半常绿灌木，高可达 2 米，微型变种，高仅 25 厘米，小枝常有钩状皮刺。奇数羽状复叶，小叶 3～5 枚。长 2.5～6 厘米，托叶大部附生在叶柄上。花单生或伞房花序，花径、大花型可达 10～15 厘米，小花型仅 4 厘米以下，蔷薇果卵形或梨形，径约 1.2 厘米，红色、萼宿存，花期 5～10 月，果 9～11 月成熟，栽培品种已达 2 万多个，均为多亲本，反复多次杂交形成。根据植株习性、单花或花序以及花径大小划分为大花系（杂种茶香月季系）、丰花系（聚花月季系）及壮花系。壮花系由前二系杂交而成（又称聚花大花月季系）。此外，还有微型系以及攀缘系、蔓生系、灌木系、地被系等。以大花系栽培最广，约占 3/4。

【分布与习性】 原产于中国中南部，经杂交育成的品种，遍及全世界，适应性强，能耐－15℃低温和35℃高温，但5℃以下30℃以上生长不良。能耐旱、但花期宜充分供水。保持土壤湿润。喜酸性、肥沃土壤，耐修剪。

【绿化用途】 花色艳丽，花期长，有香气，是园林绿化、美化、香化的优良树种，可配植于草坪、花坛、花径、庭园。又是盆花、切花的好材料。

【繁育技术】 多用扦插、嫁接繁殖，也可分株或播种。

扦插繁殖：可结合冬前修剪或5～8月花后，采用嫩枝扦插，插穗长10～15厘米，有三个以上饱满芽，插深3～5厘米，插后，搭小拱棚，保温保湿。

嫁接繁殖：对扦插不易生根的品种和攀缘、蔓生黄花品种，可用芽接或枝接法繁殖。芽接最好，7～8月间以各种蔷薇或劣种月季作砧木，选取1～2年生健壮枝条，将第三个以下腋芽作接穗，剪去叶片，保留叶柄，待接芽萌出后，及时抹去砧木萌蘖和顶枝，翌年春季再剪砧。

## 九、海　桐

又名：海桐花、埋香、七里香、山攀花。为海桐科海桐属植物。

【形态特征】 常绿灌木或小乔木。树冠近圆球形。叶互生、革质、倒卵状椭圆形，全缘，表面有光泽。花两性，顶生伞房花序，花白色或淡黄色，有芳香。蒴果，卵圆形，长1～1.5厘米，熟时三瓣裂，种子多数，生于红色黏质果肉中。花期4～5月，果熟10月。栽培变种有银边海桐（cv. varie-gatum.）：叶边缘有白斑。

【分布与习性】 原产于我国南方和朝鲜、日本。现我国长江流域及其以南各省、自治区庭院中广泛栽培。喜温暖、不耐严寒，喜光、略耐阴，对土壤要求不严，稍耐盐碱，对二氧化硫、氯气、氟化氢等有毒气体抗性强。分枝力强、耐修剪。

【绿化用途】 树冠圆球形，枝叶茂密，叶色亮绿，四季常青，花芳香，果熟时露出红色果肉。在我国南方各城镇，常植于草坪、园角、池畔作观形、观叶、观果、闻香的优良绿化树种，因抗毒气性强，又是工矿企业绿化的好树种。

【繁育技术】 采用播种或扦插繁殖。

播种繁殖，在10月果熟时采种，阴干后沙藏，待翌年春，用温水浸泡，洗去外面的黏着物，再用草木灰或河沙拌和，开沟条播，行距20厘米，条幅5厘米，覆土厚1厘米，盖草防寒，播后1～2个月发芽出土。幼苗生长快，应剪去顶枝，促进萌枝，翌年早春移植一次，两年生苗即可出圃。

扦插繁殖，春、秋两季均可，选取当年生半木质化的枝条作插穗，长15～20厘米，保留上部4～5叶，下部叶全部摘去，插至最下叶的深度。插后及时遮荫浇水。一个月左右即可生根，夏季应及时摘心，使树冠保持宽圆，并注意介壳虫和红蜘蛛的危害。移栽以3月为宜。需带土，成活率高。

## 十、八角金盘

又名:八手,手树。为五加科八角金盘属植物。

【形态特征】 常绿灌木,高达5米,常呈丛生状,小枝粗壮。叶掌状7～9深裂,径20～40厘米,叶基部膨大。花小,白色圆球形伞形花序,浆果球形,紫黑色,径约0.8厘米。花期11月,果翌年4～5月成熟。

【分布与习性】 原产于日本、朝鲜及我国台湾省。现于江南各地栽培甚广。不耐严寒酷暑;耐阴性强,可在林下栽植;喜阴湿环境,忌长期干旱;对有毒气体抗性很强。

【绿化用途】 株形美观,叶大如掌,四季常青,耐阴性强,常栽作树下观叶植物,也可盆栽布置厅堂、会议室、宾馆等处。

【繁育技术】 以扦插繁殖为主,也可播种和分株繁殖。

扦插繁殖:3～4月,选2～3年生枝,从近基部剪下,截成10～15厘米长的插穗插入土中2/3,按紧浇水,遮荫,保持湿润。插穗先萌芽,后发根,注意假活期管理,插后约40天可生根。

播种繁殖:种子成熟后,可随采随播。如不能当年播种,应层积沙藏越冬。春季气温回升时播种,播前应搭好荫棚,播后一个月左右即可发芽出土。当年小苗,冬季需防寒保温,移植可在3～4月带泥球栽植。

分株繁殖:在春季挖出母株,将基部长出的萌蘖,带根切割分栽，成活率很高。

## 十一、栀子花

为茜草科栀子属栀子的变种。

【形态特征】 常绿灌木，高1～3米。小枝绿色。单叶对生或三叶轮生，叶长椭圆形，长6～12厘米。花单生枝顶、白色、有浓香、重瓣，长8～10厘米，花冠高脚碟形。浆果、黄色、卵形，长2～6厘米，具5～6个纵棱，萼片宿存。花期4～7月，果9～10月成熟。

【分布与习性】 原产于我国中南部，现南方各地广泛栽培。喜温暖，耐寒力较差，在－12℃以下，易受冻。喜光、较耐阴，耐旱力不强，忌积水，要求疏松、肥沃、微酸性土壤，对有毒气体抗性较强。易萌芽，耐修剪。

【绿化用途】 绿叶白花，清香诱人，适于房前屋后，草坪边缘，大道侧旁、池边、林缘，也可作花篱、盆花、切花或盆景。

【繁育技术】 以扦插、压条为主，大量生产可采用播种繁殖。

扦插繁殖：最好在梅雨季节剪取嫩枝15厘米长，插于沙床，注意保湿10～12天即可生根，也可插在水稻田或清水容器中，3周后即可生根。

压条繁殖：在4月上旬，选取2～3年生枝条，刻伤、压入土中，长20～25厘米，保持湿润，约一个月可生根，至6月下旬，从下部切离母体，带土移栽。也可在春季分株繁殖。

播种繁殖：因种子发芽率较低，应选择饱满、颜色深红的果实，晒至半干，播前剥出种子，用清水浸泡 2～3 小时，再细沙混拌，按条距 30 厘米开沟条播，每隔 5～7 厘米，下种 2～3 粒，覆盖细土、再盖草保湿，出苗后，保持床面湿润、松土除草、培养 2 年可出圃。

## 十二、凤尾兰

又名：浦竹。为龙舌兰科（百合科）丝兰属植物。

**【形态特征】** 常绿灌木，茎不分枝或分枝很少，叶剑形，密集，螺旋状着生茎顶端，革质，长 40～70 厘米，宽 5～6 厘米，顶端硬尖。圆锥花序长 1～1.5 米，花大、白色、下垂、蒴果下垂，椭圆状卵形。花期 6～7 月，一般不结果。

**【分布与习性】** 原产于北美，现我国长江流域各地广泛栽培。耐寒性较差，在北京只能在背风、向阳的局部环境下越冬。喜光、耐旱、耐湿，对土壤要求不严。对有毒气体抗性强，萌芽力不强。

**【绿化用途】** 叶长大、四季常青、花大、花期长，是园林中景观好树种，可植于公园、绿地、草坪边缘或花坛中心。

**【繁殖技术】** 多用分株和扦插繁殖，也可播种繁殖。

分株繁殖：春季 2～3 月，可将根茎部长出的萌蘖，带部分根系切下，进行分栽，埋土厚约 10 厘米，栽后及时浇水。

扦插繁殖：春末、夏初，取茎干锯成约 10 厘米长的小段、粗茎可纵劈成 2 块或 4 块，开沟摆放，纵切面向下，覆土厚 5～10 厘米，适当浇水保湿。不宜过湿，10 天左右可发芽，用肉质根扦插更易成活。

播种繁殖：若要结实，需在 5 月进行人工授粉。授粉后约 70 天果可成熟，当年 9 月下旬，即可播种，或将种子干藏至春季播种。约一个月出苗，出苗率约 40%。

# 第十章　常用落叶灌木树种

## 一、牡　丹

又名:木芍药、洛阳花、富贵花。为毛茛科芍药属植物。

【形态特征】　茎木质丛生,高1～2米,叶二回羽状复叶,互生,近枝顶的叶为三小叶。顶生小叶宽卵形,三深裂。花单生于当年生枝条顶端。花径10～30厘米,花型花色因品种不同而有明显差异。我国栽培牡丹的历史悠久,全国有500多个品种。根据花瓣层次分为单瓣类、千层类、楼子类三类:单瓣类,花瓣宽大,1～3轮。千层类,花瓣多轮,由外向内逐渐变小。楼子类,外瓣1～3轮,花中心突起。根据花色分为白、黄、粉、红、紫、墨紫、雪蓝、绿八大品系。蓇葖果卵形,先端尖,4～5月开花,果9月成熟。

【分布与习性】　原产于我国西部和北部,秦岭及河南嵩山、伏牛山和湖北西部有野生分布。现华北、华中、西北、西南均有栽培。能耐－29.3℃的绝对低温,但不耐高温,极端最高气温超过35℃则叶片枯落。喜光,稍耐阴,喜湿润,忌积水,在肥沃、深厚、排水良好的沙质壤土上生长正常,不适于黏重土壤的低洼地。

【绿化用途】　花大色艳,誉为"花中之王",在大型公园或风景名胜区可建立牡丹专类园，成为观赏主景，也可在花坛、草坪中心，建筑物侧畔作为点缀美景，也可盆栽或作切花材料。

【繁育技术】 主要采用分株和嫁接繁殖，有时也用扦插和播种繁殖。

分株繁殖：一般在9～10月间，将4～5年生大丛牡丹掘出，去掉根上附土，置阴凉处晾2～3天，待根稍变软时再用利刀分劈，大丛植株可分为3～5株，在伤口涂以硫黄粉或高锰酸钾溶液消毒，然后进行栽培。

嫁接繁殖：采用根接法，以3～4年生本种或芍药实生苗作砧木，用1年生枝或牡丹大株根际萌发枝6～9厘米作接穗，根砧约2厘米粗、15～20厘米长为好，用切接或劈接法嫁接。

播种繁殖：多用于培育新品种或作砧木。牡丹种子寿命不长，隔年种子发芽率仅30%，最好在9月间种子成熟时，选择栽培3年以上的植株，采集饱满充实的种子，即采即播。

扦插繁殖：用根际萌发的短枝为插穗，长12～15厘米，用300毫克/千克萘乙酸溶液处理后插入土中1/3～1/2，插后立即浇透水，并遮荫、保湿，翌年9月即可移栽。

## 二、绣　球

又名：八仙花、紫阳花、粉团花。为虎耳草科绣球花属植物。

【形态特征】 高1～3米，叶对生，倒卵形至椭圆形，长 7～15 厘米。顶生伞房花序近球形，径可达 20 厘米，栽培品种几乎全为不育花，萼片 4 ，花瓣状卵圆形，粉红色、蓝色或白色，无花瓣。花期 6～7 月。

**【分布与习性】** 原产于我国中东部至西南，日本也有。耐寒性不强，在华北地区只能盆栽，温室越冬，耐阴性强，忌强阳光直射，喜湿润，怕干旱，忌积水，喜排水良好的酸性土，不耐盐碱，萌蘖力强。

**【绿化用途】** 花序大而美丽，是夏季观花的重要材料，可植于疏林树下，建筑物入口处，路边，棚架旁，或作家庭盆花。

**【繁育技术】** 扦插、分株、压条均可。

扦插繁殖：早春采用硬枝；初夏采用嫩枝扦插，插穗长 15～20 厘米，上端留 2 叶，插入土中 1/2，浇透水，20 天左右即可生根，扦插苗应在 6 月中旬以前摘心，促进株形丰满。

分株繁殖：冬季或早春，掘出母株周围的萌蘖或将整株丛挖出，劈成几份，分株栽植，可疏剪部分枝条，减少蒸腾。

## 三、蜡　梅

又名：腊梅、黄梅、黄花梅、香梅。为蜡梅科蜡梅属植物。

**【形态特征】** 落叶灌木，南方可成半常绿，高达三米，小枝四棱形。单叶对生，叶卵形或椭圆形至卵状披针形，全缘，表面有硬毛，半革质，长 7～15 厘米。花单生，两性，花被片多轮，花瓣状，黄色蜡质，有香气。瘦果为坛状果托包裹。花期 12 月至翌年 3 月，果熟 8 月。

**【常见变种】** ①狗爪蜡梅（Var. intermedius）：也称红心蜡梅，叶较狭，花较小，花瓣长尖，外轮黄色，内轮有紫斑，花香气淡。②磬口蜡梅（Var. grandiflorus）：叶宽大，花大，内轮花被边缘有紫色条纹，香气浓。③素心蜡梅（Var. concolor）：内、外花被全为纯黄色，香气较浓。④小花蜡梅（Var. parviflorus）：花小，内层花被有紫色条纹，香气浓郁。

**【分布与习性】** 我国特有，产于鄂、陕、渝、湘等省，现长江、黄河流域各地广泛栽培。较耐高温，不耐严寒，喜光，稍耐阴。耐旱力强，忌积水，适于疏松、深厚、排水良好的中性或微酸性土壤，在黏土或碱性土中生长不良。发枝力强、耐修剪、寿命长。可百年不枯。

**【绿化用途】** 花开于寒冬腊月、百花凋谢季节，花黄如蜡，浓香四溢，自古即为冬季赏花珍品，可孤植、丛植、列植于花池或草坪中，并常作插花材料，又可制作盆景。

**【繁育技术】** 以嫁接为主，也可播种或分株、扦插，但成活率较低，多不采用。

嫁接主要采用切接法，于 3 月当叶芽刚萌发到麦粒大小时进行，如芽苞发育太大，则不易成活，如芽苞太小的补救方法是把枝条上的芽全部抹去，约一周后，又会长出新的芽苞，这时只等芽苞萌发到米粒大小，即须及时嫁接，切不可错过时机。也可适时采条进行低温保湿贮藏，延长嫁接时间。砧木采用狗蝇蜡梅的实生苗，砧木粗度

1～1.5 厘米为宜。接穗选一年生粗壮枝条，在切接前一个月左右剪去枝条顶梢，促进接穗芽苞充实。接穗长 6～7 厘米，留 1～2 对芽。砧木离地面 3～6 厘米处剪断。接好后，覆松土堆，保湿，约一个月后，扒开覆土，并及时剪去砧木萌蘖，促进接穗萌芽。嫁接苗，当年可长到 20～100 厘米。也可采用靠接法。

播种繁殖，主要用于培养砧木，狗蝇蜡梅结实率高，可在 8～9 月间随采随播，或采后洗净干藏至翌年 2 月中下旬浸泡后进行层积沙藏，约一个月后即可发芽，播种采用条播，覆土厚 2～3 厘米，床面覆盖薄膜增湿、保湿，当年出苗，可高达 20～30 厘米。

分株繁殖，应在落叶后、萌芽前的冬季到早春进行，挖取母株周围萌蘖或将株丛劈成几株，连根带土移栽，为提高成活率，移栽前应剪去上部枝条，减少水分蒸腾散失。

## 四、紫 玉 兰

又名：木笔、辛夷、木兰。为木兰科木兰属植物。

**【形态特征】** 高 3 米，小枝紫褐色。叶椭圆形或倒卵状长圆形，长 10～18 厘米，花单生枝顶，萼片 3 枚，黄绿色，花瓣 6 片 2 轮，外面紫色，内面近白色。聚合蓇葖果圆柱状。花期 3～4 月，果 8～9 月成熟。

**【分布与习性】** 原产于湖北、四川、重庆、云南等省、自治区、直辖市，现长江流域以南至华北均有栽培，北京地区向阳背风小气候条件下也可露地栽培。不耐严寒，喜光，不耐干旱和积水，在碱土和黏土上生长不良。

**【绿化用途】** 花大，鲜紫色，是我国栽培历史悠久的传统花木，宜植于庭院、草坪边缘，配植于花径、花坛、广场。

**【繁育技术】** 主要用分株、压条法，扦插也可。

分株繁殖：因萌蘖力强，根系发达，冬季或早春将丛生枝挖出带根分成几株移植，移植时适当剪去部分枝条，减少蒸腾，并注意及时浇水保湿。

压条繁殖：2～3 月间，选取生长健壮的 1～2 年生、粗 0.5～1 厘米的枝条作压条。当年可生根，定植后 2～3 年即可开花。

扦插繁殖：5～6 月间，从幼龄树上采当年生嫩枝作插穗，硬枝扦插很难成活。

## 五、麻叶绣线菊

又名：麻叶绣球。为蔷薇科绣线菊属植物。

**【形态特征】** 落叶小灌木，枝丛生，小枝暗红色，拱形下垂。单叶互生，菱状椭圆形。花白色，10～30 朵花集成伞形花序，生于枝顶，蓇葖果直立。花期 5～6 月，果 7～8 月成熟。

**【分布与习性】** 原产于我国东部和南部，现长江流域及其以南各地，广泛栽培，喜温暖，较耐寒。喜光、稍耐阴，耐旱，对土壤要求不严。萌蘖力强，耐修剪。

**【绿化用途】** 枝条细软、白花繁茂、宜植于草坪边缘、池旁、山坡及建筑物前或作矮篱。

繁殖技术：分株、扦插、播种繁殖均可。

分株繁殖：落叶后至春季芽前，掘取株周围萌蘖苗或将整个株丛带土掘出劈成几份，每份保留2～3枝干和根，分株移植。行距50～60厘米，株距30～40厘米。

扦插繁殖：春季选1年生健壮枝中下段，剪成长10～12厘米，插穗插入土中2/3，插后浇透水，5月后遮荫防晒。6月间可取当年生嫩枝扦插，插入土中1/2，随即遮荫。

播种繁殖：种子成熟时可采后即播，也可干藏越冬春播。采用撒播，覆盖一层细薄土，一周后即可萌发，三年生苗可开花。

## 六、棣　棠

又名：黄碧棠、黄榆梅、棣棠花。为蔷薇科棣棠属植物。

**【形态特征】** 丛生小灌木。高达1.5米，小枝绿色，单叶互生，卵形至卵状椭圆形，先端长尖，边缘有尖锐重锯齿。花单生枝顶，花瓣金黄色，瘦果黑褐色，扁球形。花期4～5月，果8月成熟。其变型重瓣棣棠[f. pleniflora (Witte) Rehd]：花重瓣，有香气，不结实。

**【分布与习性】** 原产于我国长江流域各省、自治区，日本也有。喜温暖，不耐严寒，在华北地区仅在背风向阳处可栽培，喜光，稍耐阴，较耐湿。对土壤要求不严。萌蘖力强，容易繁殖。

**【绿化用途】** 花色鲜黄，枝叶翠绿细柔，可作花篱、花径或植于建筑物前、水畔、草坪边缘、假山、坡地，也可作切花材料。

【繁育技术】 扦插、分株为主。播种仅用于单瓣结实原种。

扦插繁殖：在春季或秋季，选用1～2年生枝条，剪成10～15厘米长的插穗，直接露地扦插，插穗顶端保留1～2片叶，插入疏松沙质土中，深度3～4厘米，插后遮荫、保湿，约30天即可生根。

分株繁殖：在早春发芽前，将母株挖起分栽或将母株周围的萌蘖掘离母体，连根带土栽于穴内，覆土压紧，浇水保湿。

播种繁殖：可在秋季，随采随播，也可采后沙藏越冬，待翌年春播。

## 七、贴梗海棠

又名：贴杆海棠、贴梗木瓜。为蔷薇科木瓜属植物。

【形态特征】 落叶灌木，高2～4米。枝有刺。单叶互生，卵形至椭圆形，长3～8厘米。花单生或3～5朵簇生2年生老枝上，叶前开花或与叶同展。花冠朱红色、粉红色或白色，花直径3～5厘米，花梗极短。梨果卵形、直径4～6厘米，黄色或黄绿色、有香气。花期3～4月，果9～10月成熟。

【分布与习性】 产于我国华北、西北、华中至华东，广泛栽培。较耐寒，北京可露地越冬，喜光、耐旱性强，根系发达，能深入土层2～3米，但不耐水涝，分蘖能力强，耐修剪。

【绿化用途】 枝干丛生，早春开花，花色艳丽，果黄色、芳香。是观花、观果的好树种，可植于草坪边缘，庭院墙隅，池畔溪边，或作花篱、花坛、盆景切花材料。

【繁育技术】 扦插、分株、嫁接和播种均可。

扦插繁殖：7～8 月选当年生健壮枝条，剪去顶梢，剪成 10～15 厘米长插穗，保留上部 2～3 片叶，基部用 100 毫克/千克吲哚乙酸溶液浸泡 8 小时，插入沙土中，密度 15 厘米×10 厘米，插深 3～4 厘米。插后浇透水，遮荫、保湿。20～40 天生根。

分株繁殖：落叶后至春季萌芽前，掘取母株周围的萌蘖苗，连根带土，分栽行距 50～60 厘米，株距 30～40 厘米，移栽时可将上部枝条剪去，减少蒸腾。

播种繁殖：种子成熟后，采收干藏，翌年 1 月上旬，将种子用温水浸种、并层积沙藏。在 3 月上旬将沙藏种子转到背风向阳处催芽。4 月上旬种子开始萌芽，即可播种，播幅 3～5 厘米，覆土厚 1～1.5 厘米，并用地膜覆盖。每 10 米$^2$ 播种 150～200 克，播后两周即可出芽，待长出第二片真叶时即可间苗，每 10 米$^2$ 留苗 150 株左右。当年苗高可达 40～60 厘米。

## 八、紫 荆

又名：满条红、裸枝树。为苏木科(或豆科)紫荆属植物。

【形态特征】 丛生灌木或小乔木。单叶互生，心形，长 6～14 厘米，花密集簇生老枝上，紫红色。荚果扁平条形，长 5～14 厘米。花期 3～4 月，果 9～10 月成熟。

【分布与习性】 我国从东北至华南，西北至西南均有分布。对温度适应性广，喜光，稍耐阴，耐旱，忌水淹，适于石灰质沙壤，萌蘖力强，耐修剪。

【绿化用途】 早春叶前开花，满树紫红色，艳丽诱人，叶心形而有光泽。花、叶均有很高观赏价值。宜丛植庭院、建筑物前或草坪边缘、花径、花坛周围、松柏树下、浅色墙前。

【繁育技术】 主要采用播种或分株繁殖。

播种繁殖：种子成熟时采收，干藏至翌年 2 月下旬，将种子用热水浸泡 2～4 小时后进行层积沙藏，置背风向阳处，并经常翻倒，补水保湿约一个月后开始萌芽，即可播种。播种采用床播或垄播。每 10 米$^2$ 用种量 150 克，苗床灌透水，覆土厚约 1.5 厘米。约一个月即可出苗，幼苗出土后注意及时间苗，每 10 米$^2$ 留苗量约 200 株。当年秋季苗高可达 50～80 厘米。小苗在北方应防寒越冬。3～4 年生苗可出圃。出圃当年即可开花。

分株繁殖：在早春萌芽前进行，移栽应带土球。

## 九、紫 丁 香

又名：华北紫丁香、丁香。为木犀科丁香属植物。

【形态特征】 落叶灌木或小乔木，高可达 4～5 米。枝粗壮二杈分枝。单叶对生，阔卵圆形。圆锥花序长 6～15 厘米，花冠蓝紫色。蒴果。花期 4～5 月，果 9～10 月成熟。

常用变种有①白丁香(var. alba Rehd):叶较小而长,花瓣白色,香气浓。②重瓣白丁香(var. plena Hort):花白色,重瓣。

**【分布与习性】** 产于我国华北、东北及西北。现长江流域也引种栽培。耐寒性强,喜光,稍耐阴,耐旱性强,忌积水。在黏重板结土壤上生长不良,萌蘖力强,耐修剪。

**【绿化用途】** 花序大,花色艳,香气诱人,植株清雅,是我国北方广为栽培的花木,多植于宅旁、窗前、花坛角隅。也可作切花材料或盆栽。

**【繁育技术】** 播种、扦插、嫁接、压条均可。

播种繁殖:果熟时采种阴干,待翌年2～3月播种,播前一个月用湿沙拌种催芽,见1/3种子萌动时,即可开沟条播或垄播、床播均可,播深1厘米,播前浇透水,播后浅覆土,每10米$^2$用种量200克,可产苗150～250株,当年苗高可达30～40厘米。

扦插繁殖:一般在夏季6～7月进行,应用荫棚,基质用干净河沙,厚度5～8厘米,选当年木质化枝条作插穗,插穗长10～15厘米,插入基质中3～5厘米,插穗上段保留三个以上叶和芽,插时将叶各剪去1/2,插后遮荫,并控制温度在30℃以下,湿度80%～90%,30～40天即可生根。

嫁接繁殖:用于优良变种或品种。砧木可用北京丁香、欧洲丁香、小叶女贞、女贞等,砧木粗度要求1.5～2

厘米，离地面5～10厘米。接穗选当年生健壮枝条上的饱满休眠芽进行芽接或冬季采条沙藏，待翌年春再进行枝接，接穗当年可长到50～80厘米，但翌年可将插穗枝干截去一半，促其萌发侧枝。

## 十、迎春花

又名：金腰带。为木犀科茉莉属（迎春属）植物。

【形态特征】 落叶灌木，高达2米。小枝细长拱形，有四棱。叶对生，三小叶复叶，小叶卵形至椭圆形，长1～3厘米。花单生叶腋，叶前开放，鲜黄色，直径2～2.5厘米，常不结果，花期2～3月。同属云南黄馨（j. mesnyi Hance）：常绿灌木，枝拱形，花黄色，半重瓣，原产于云南，长江以南常植于坡地，岸边。

【分布与习性】 主产于我国黄河流域至西南，现各地有栽培。喜温暖较耐寒，北京可露地越冬，喜光耐阴、耐旱、忌涝、耐酸碱性较强，根系发达，萌芽力强，耐修剪。

【绿化用途】 枝条披垂，早春先叶开花，满树金黄，是我国传统花木，宜植于池边、溪畔、坡地庭前，或作花径、花坛、绿篱。

【繁育技术】 扦插分株、压条繁殖均可，以扦插为主，成活率高。

扦插繁殖：3月、6月、9月均可进行，3月采一年生粗壮枝剪成10～15厘米长的插穗，株距5～6厘米，插入沙质土中2/3，插后及时浇水，遮荫，保湿。约30天即生根。

分株繁殖：在春季萌芽前进行，每株丛可分成10～20

小丛，连根移栽，行距50～60厘米，株距30～40厘米，将上部枝条剪去。保持湿润，勿过干过湿。很易成活。

压条繁殖：不必刻伤，只要将枝条贴近土面，保持湿润，20天左右即可生根。待翌年即剪离母体分栽。

## 十一、小叶女贞

又名：小蜡树、小叶冬青。为木犀科女贞属植物。

【形态特征】 落叶或半常绿灌木。枝散生，叶薄，革质，椭圆形，长1.5～5厘米，对生。圆锥花序，顶生，花小，白色，有芳香，核果近球形，熟时紫红色，花期7～8月，果10～11月成熟。

【分布与习性】 产于长江流域及以南各省、自治区。较耐寒，北京可露地越冬，喜光，稍耐阴，耐旱力强，对土壤要求不严，对有毒气体抗性较强，萌芽力强，耐修剪。

【绿化用途】 最适作绿篱或与景观树配植，可植于工矿企业路边、庭院旁。

【繁育技术】 以播种、扦插为主，分株也可。

播种繁殖：随采随播或干藏至翌年3～4月播种。播前用温水浸泡1～2天，采用条播，条距30厘米，播幅5～10厘米，深2～3厘米，播后覆细土，盖草，待苗高3～5厘米时进行间苗，保持株距10厘米左右。

扦插繁殖：在初冬，选取当年生壮条，剪成15～20厘米长，沙藏越冬，待翌年3～4月春插，行株距30厘米×20厘米，深2/3，保持湿润，忌积水，1个月后可生根。

分株繁殖：宜在落叶后至早春萌芽前进行，每份2～3

个带根的枝干，移栽时剪去部分枝干，以减少蒸腾。

同属金叶女贞（L. vicaryi）：是由德国引进的新种，叶色鲜黄，是各地广为栽培的彩叶树种，其繁殖方法以扦插为主，方法与小叶女贞相同。

## 十二、石　榴

又名：安石榴、海石榴。为石榴科石榴属植物。

【形态特征】　灌木或小乔木，高达5～7米。小枝四棱，先端常成刺状。单叶对生或簇生，倒卵状长椭圆形。长2～8厘米。花两性，单生或2～5朵集生枝顶。萼筒肉质，紫红色，花瓣颜色多样。浆果近球形，径6～8厘米，深黄色。花期5～7月，果9～10月成熟。

常用变种有①白石榴（var. albescens DC.）：花白色，单瓣。②重瓣白石榴（var. multiplex Sweet.）：花白色，重瓣。③黄石榴（var. flavescens Sweet.）：花黄色。④玛瑙石榴（var. legrellei Vanh.）：花红色，有黄白色条纹，重瓣。⑤月季石榴（var. nana Pers）：植株矮小，枝细密，叶、花均小；单瓣或重瓣。花期长，5～7月开花不绝。⑥重瓣红石榴（var. pleniflora hayne）：花红色，重瓣。

【分布与习性】　原产于伊朗、阿富汗。汉代张骞出使西域时引入我国。黄河流域及以南地区广泛栽培。在北京背风向阳处可露地越冬。低于－20℃易受冻。喜光，有一定耐旱能力。对土壤要求不严，可在石灰质土壤上生长。在江南一年可生长2～3次，但春梢开花结实率最高，如营养条件好，夏、秋梢也可开花以延长花期。

【绿化用途】 树姿优美，叶碧绿有光泽，花色艳丽，盛开于花少的夏季，深受群众喜爱。宜成丛配植于自然风景区、茶室、游廊或庭院路旁。也可作桩景、盆花或插花材料。

【繁育技术】 主要用于扦插繁殖，播种、分株、压条、嫁接也可。

扦插繁殖：春、秋、夏均可扦插。选1～2年生带顶芽的健壮枝条，粗度0.6～1.2厘米，插穗长10～15厘米，插入土中8～10厘米，行株距35厘米×30厘米，插后盖土压实，浇灌透水，以后保持土壤湿润，20多天即可生根。秋季扦插比春、夏季扦插管理简单、成活率高。扦插苗4年后可开花、结果。

播种繁殖：株型矮小的品种多用播种繁殖，种子成熟后，随采随播或阴干、沙藏，待翌年春播，播前将种子在50℃温水中浸泡12小时，采用条播，行距25厘米，播幅5厘米，深1.5～2厘米。播后用细土、沙混合覆盖，上面再盖稻草保湿。待幼苗出土后，逐渐揭去盖草，当苗高3～5厘米时进行间苗，保持株距15厘米左右。每667米$^2$播种量3～4千克，可产苗1.5万株。

分株繁殖：对丛生状植株可进行分株繁殖或挖取根蘖苗移植，很易成活。

## 十三、日本小檗

又名：小檗。为小檗科小檗属植物。

【形态特征】 落叶灌木，高达2～3米，小枝红褐色，有沟槽。刺不分叉，单叶互生，倒卵形或匙形，长0.5～2厘米，花黄色，1～5朵成伞形花序。浆果椭圆形，熟时红色，花期4～5月，果9～10月成熟。其常见变种：紫叶小檗(B. thunbergii var atropurea Rehd)，叶紫色。

【分布与习性】　原产于日本，我国自东北南部至南方各地广泛栽培。耐寒性强、喜光、稍耐阴、耐旱，对土壤要求不严。萌蘖性强，耐修剪。

【绿化用途】　枝叶密集、黄花、红果，特别是紫叶小檗，叶色紫红、均具观赏价值。宜植于草坪边缘，池旁、墙隅，庭园花径旁或作盆景，也可作刺篱。

【繁育技术】　播种、扦插均可。

播种繁殖：果成熟时采集堆放，腐熟后洗净取种子，湿沙混合贮藏至翌年3～4月春播。播前水浸2～3天，再混沙层积催芽，待有1/3种子萌动，即可播种，采用条播，行距25～30厘米，播幅5厘米，播后覆草，并注意浇水保湿。约20天可开始出苗，幼苗生长慢。

扦插繁殖：6～7月或秋季，选择1～2年生的健壮枝条，剪成12～15厘米长，用0.1%高锰酸钾溶液浸泡基部16小时，再用200～300毫克/千克的吲哚乙酸溶液浸2小时，插深7～8厘米，遮荫，并叶面常喷水。晚秋扦插应架拱棚，保持湿润。扦插密度5厘米×5厘米，每平方米400根。

紫叶变种，播种繁殖，会有些苗变为绿叶，故以扦插繁殖为好。

## 十四、木　槿

又名:木锦、篱障花、朱槿。为锦葵科木槿属植物。

【形态特征】　高1～2米,小枝细,单叶互生。叶菱状卵形,长3～6厘米,常3裂。花单生叶腋,径5～8厘米,单瓣或重瓣,蓝紫色、红色或白色。蒴果卵圆形,直径约1厘米。花期6～9月,果9～11月成熟。

【分布与习性】　产于我国东部及东南部,较耐寒,在北京可露地越冬,喜光,稍耐阴,耐干旱、瘠薄土壤,忌积水,对有毒气体有较强抗性。萌蘖性强,耐修剪。

【绿化用途】　夏、秋开花植物不多时开花,花朵大,花量多,花期长,花色丰富。是优良观花植物,又是常用的花篱材料。可丛植于草坪边缘、路旁或庭院花坛中。

【繁育技术】　以扦插繁殖为主,采用硬枝或软枝扦插均可。近年,采用纸钵扦插工艺效果很好。在3月中上旬,采一年生枝条,剪成15厘米左右长的插穗,下剪口紧贴下芽基部。纸钵高15厘米,直径4厘米,用园土、草木灰、河沙各1/3,插条基部用500毫克/千克的萘乙酸溶液速蘸处理。插深4～5厘米,将纸钵整齐地放在向阳的圃地,浇灌透水,并封盖薄膜。约20天即可生根展叶。展叶后应适当遮荫,喷水,至5月中旬,即可撤去覆盖,带钵移植。当年生长量可达1～1.2米高。

## 十五、木芙蓉

又名:芙蓉花、拒霜花、芙蓉。为锦葵科木槿属植物。

【形态特征】　灌木或小乔木，高 2～5 米。叶互生，阔卵形，掌状 3～5 裂，两面均有星状毛。花大，单生枝顶叶腋。花冠淡红色，后变深红。单瓣或重瓣。蒴果扁球形，直径约 2.5 厘米，密生绒毛。花期 6～9 月，果 9～11 月成熟。

【分布与习性】　原产于我国华中、西南至华南。四川省盛产，成都因木芙蓉随处可见，故称“蓉城”。喜温暖，不耐寒，在长江以北栽培，冬季地上部分易受冻。喜光，稍耐阴，耐水湿，忌干旱，在中性或微酸性土壤上生长良好，对有毒气体抗性强。生长快，萌蘖力强，耐修剪。

【绿化用途】　秋季开花，花大，色美，是很受群众喜爱的观花树种，因耐水湿可栽在池旁或低湿地，庭院、山麓、宅旁、路边，也可作花篱栽培，又是工矿地区绿化观花的好材料。在华北地区可矮化盆栽，冬季放在室内。

【繁育技术】　以扦插繁殖为主，压条、分株、播种也可。

扦插繁殖：于 2～3 月间进行，插穗应在头年冬季落叶后，选择粗壮当年新枝，剪成长 15 厘米左右，捆扎沙藏。扦插时按株行距 25 厘米×8 厘米，开沟栽插，露出地面 5～6 厘米，插后填土浇水，盖草保湿，一个月后即可生根，当年生苗可长到一米多高。

分枝繁殖：宜在春季萌芽前进行，将母株基部以上 10 厘米处截干，挖出分成几株移栽，很易成活。

播种繁殖：多为春播，可生产大批幼苗，播种时因种子细小应采用混沙或细土撒播，苗床土要细，盖土要薄，播后保持苗床湿润，约一个月即可生根出芽。

## 十六、扶　桑

又名：朱槿、佛桑，为锦葵科木槿属植物。

【形态特征】　落叶灌木，高可达6米，一般温室栽培高约1米。单叶互生，叶卵形或长卵形，长4～9厘米，花单生叶腋，冠鲜红色，直径6～10厘米，雄蕊柱和花柱特长，伸出花冠外，花梗长3～5厘米。蒴果卵圆形，直径约2.5厘米。花期8～10月，果10～11月成熟。

【分布与习性】　产于我国华南、华东至四川。喜温暖、不耐寒。喜光、稍耐阴，对土壤要求不严，在肥沃，排水良好的土中生长良好，耐修剪。

【绿化用途】　花期长、花色鲜艳，既可独植，也可丛植，又可栽作花墙、花篱。宜植于池旁、亭前、路边、墙角。盆栽置于客厅或走廊甚美。

【繁育技术】　扦插和嫁接繁殖，以扦插为主。

扦插除冬季外均可进行。插穗最好用半木质化、一年生嫩枝，长约10厘米，留上部叶片，插于粗沙为基质的苗床上，保持温度在18℃～25℃为好，插后，要随时喷水保湿，约20天即可生根。

嫁接主要用于扦插难以成活的重瓣珍贵品种，以本种扦插成活的品种作砧木，枝接或芽接均可，在春季嫁接成活率高。

## 十七、杜鹃花

又名：映山红、照山红、野山红。为杜鹃花科杜鹃花属植物。

**【形态特征】** 落叶或半常绿灌木，高可达2～3米，多分枝。叶卵状椭圆形，长3～5厘米，两面均有糙伏毛。花2～6朵簇生枝顶，花冠漏斗形，花色有白色、粉红色、深红色等。花期4～6月，蒴果10月成熟。变种有①白花杜鹃：(var. eriocarpum Hort.)：花白色或浅粉红色。②紫斑杜鹃(var. mesembrinum Rehd.)：花较小，白色有紫色斑点。③彩纹杜鹃(var. vittatum Wils.)：花冠有白色或紫色条纹。全世界栽培的杜鹃花品种已达数千种。

**【分布与习性】** 主要分布于我国长江流域及其以南各地，西南至华南地区，华北地区有引种。因原产地不同，对温度适应有明显差异，喜光，耐湿，忌干旱。杜鹃花是酸性土指示植物，不能在石灰性土壤上生长。

**【绿化用途】** 花色鲜艳，成丛或成片栽植，可形成艳丽美景。宜配植于草坪边缘，路旁、林缘、水边、花坛、缓坡或疏林下，也可盆栽。

**【繁育技术】** 播种、扦插、分株、压条、嫁接均可。

播种繁殖：种子采收后贮藏至翌年春3～4月播种。播前，床面先浇透水，然后将种子撒播土面，然后撒上细沙或干土，以不完全盖住种子为度，再用薄膜覆盖，保持10℃～20℃，避免日光暴晒，每日喷雾1～2次，一般2～3周即可出芽，待长出3～5片真叶即可移植，移植密度可保持行株距3厘米×3厘米。并注意遮荫，翌年春即可出圃定植。

扦插繁殖：南方在初夏，北方在初秋，选茸毛呈棕色的当年新枝条，紧贴老枝并带一部分皮层劈下，先端保留4枚叶片，插入腐殖土或草木灰中，用薄膜覆盖，保持86%～95%的湿度，约1个月可生根，成活率达90%。

嫁接繁殖：最好在4～5月，以原始毛叶杜鹃作砧木，优良品种枝条作接穗，长度5厘米左右，除去下部叶片，进行劈接，接后绑扎并套塑料袋，1个月左右可愈合。也可将砧木移到接穗枝旁，选二者紧接部位各削去1/3，互相对准形成层（或一边对准），再用塑料薄膜包扎牢固，约经100天，待伤口完全愈合，可将接穗切离母体，另成新株。

分株繁殖用于丛生大株。压条繁殖仅用扦插难以成活的品种。

## 十八、锦 带 花

又名：五色海棠。为忍冬科锦带花属植物。

【形态特征】 高可达3米，枝开展，幼枝有两列短绒毛。叶对生，椭圆形，长5～10厘米。花1～4朵成聚伞花序，花冠漏斗状钟形，玫瑰红色或白色。蒴果柱状。花期4～5月，果10月成熟。

【分布与习性】 原产于华北、东北。耐寒，喜光，耐干旱、瘠薄，不耐涝，对有毒气体抗性较强。萌芽力强，生长快。

【绿化用途】　枝叶繁茂，花色艳丽，花期长，适于庭院、湖边草坪中配植，作花篱很美。

【繁育技术】　主要用扦插和播种繁殖。

扦插繁殖：秋季落叶后采当年生枝条，插穗长10～15厘米，插入土中3～5厘米，插后灌透水，覆盖厚1～2厘米的沙土，用塑料薄膜封严，约30天生根。翌年3月上中旬，插穗萌芽展叶，这时温度控制在30℃以下，常喷水保湿。

播种繁殖：10月种子成熟后采收，净种干藏，翌年3月中下旬条播。行距20～25厘米，播后覆土厚度不超过0.3厘米，并保持床面湿润，约20天即可出苗，待小苗长出3～4枚真叶，即可间苗。每平方米留苗100～150株，当年苗高可达30厘米以上。翌年春按行株距50厘米×30厘米移植。

# 第十一章　常用木质藤本

## 一、金银花

又名：忍冬、二色花藤、金银藤。为忍冬科忍冬属植物。

**【形态特征】** 常绿或半常绿，缠绕藤本。茎细长，分枝多。单叶对生，卵形至椭圆状卵形。花两性，成对生于叶腋，初开时白色后变黄色，金银花、二色花由此得名。浆果球形，花期5～7月，果熟8～10月。变种有红金银花(var. chinensis Baker.)：花淡红紫色，小枝、嫩叶、叶柄均为红色。

**【分布与习性】** 原产于我国华北、西南至华南，现各地广泛栽培。喜温暖，较耐寒，喜光，较耐阴，耐旱又耐水湿，对土壤要求不严，酸碱土均能生长，根系发达，萌蘖力强。

**【绿化用途】** 枝叶茂盛，花色奇特，香气浓郁，可作棚架、矮墙、篱垣等立体绿化材料。

**【繁育技术】** 播种、扦插、压条、分株均可，以扦插、播种繁殖为主。

扦插繁殖：一般在夏季6～7月间采用嫩枝扦插，剪取15～20厘米的插穗，用开沟斜埋法，沟深10厘米左右，行株距30厘米×15厘米，保持土壤湿润，一个月左右即可生根，翌年移植出圃。当年即可开花。

播种繁殖：10月间采收，果实捣烂、搓洗，除去果肉杂质，将种子阴干，然后层积沙藏，翌年春季条播前一天用25℃温水浸泡，再用湿沙土堆埋，一个月后，种子开始萌动即可开沟条播，沟深2厘米，条距50厘米，条幅3～5厘米。播种量每10米$^2$100克左右。当苗高5厘米时，即可间苗，保持株距10厘米左右，当年苗高可达30～40厘米，2～3年生苗即可进行出圃栽植。每2～3株一丛，注意有牵引支架，缠绕向上生长。

压条繁殖：将1～2年生枝条，在6～7月间生长旺盛期埋入土中4～5厘米，保持湿润，极易生长。

## 二、紫　藤

又名：藤萝、朱藤、招豆藤。为豆科蝶形花亚科紫藤属植物。

【形态特征】 大型缠绕性花木，羽状复叶，小叶7～13枚，卵状长圆形，长5～10厘米。总状花序，腋生，下垂，长15～25厘米，花冠蓝紫色，长2.5～4厘米。稍有香味。荚果长10～20厘米，密生黄色绒毛，种子扁圆形。花期4～5月，果10月成熟。变种有银藤（var. alba Lindl.）：花白色，耐寒性比原种差。

【分布与习性】 原产于我国，现全国广泛栽培，较耐寒，能在－25℃低温下生长，在南方高温下亦能适应，喜光，稍耐阴；耐旱、耐水湿能力均很强，主根深，侧根少，生长快，寿命长，对有毒气体有一定抗性。

【绿化用途】 枝叶茂密，庇荫效果好。晚春初夏紫色花序悬垂，花繁味香，是花架、荫棚、绿廊等垂直绿化的理想材料。也可在水际、草坪、山石等处作灌竺配植。

【繁育技术】 种子采收后，晒干贮藏，在春季3～4月播种前一个月，用温水浸泡24小时，再用层积沙藏，增湿催芽，待种子开始萌芽时播下，可采用高垄穴播，垄距约70厘米，穴距10～12厘米，每穴播种子2～3粒，也可冬播，行距70厘米，株（穴）距10～12厘米，每10米$^2$用种量500～700克，当年苗可长到30～40厘米。

扦插繁殖：可在春季3月上旬，采一年生粗壮藤条，截成15厘米左右长的插穗，先将插穗基部泡在清水中3～5天，每天换一次清水。插床垄距60～70厘米，播前灌足底水，按株距30厘米左右进行扦插，插穗深入土2/3，插后覆盖薄膜保湿、保温，苗木移植和出圃时剪下和留在土中的根系，可选用0.5～2厘米的粗根，剪成长8～10厘米长的根段，按行株距75厘米×35厘米埋入苗床，注意不要倒埋，上部入土与圃地齐平。

紫藤直根发达，移栽时应多留侧根，并带土球，否则不易成活。

## 三、爬山虎

又名：爬墙虎、地锦。为葡萄科爬山虎属植物。

【形态特征】 落叶藤本。卷须多分枝，顶端有吸盘。单叶互生，叶形多变，常宽卵形，长8～18厘米，三裂，枝条下部叶可裂成三个小叶，叶基心形，边缘有粗锯齿。聚伞花序生于短枝顶端两叶之间,黄绿色。浆果蓝黑色。花期5～6月,果熟9～10月。

**【分布与习性】** 原产于我国,自东北至华南均有分布。较耐寒、耐阴,忌积水,对土壤要求不严,对二氧化硫等有毒气体有较强的抗性。生长快,对岩石、墙壁有很强附着力。

**【绿化用途】** 叶浓绿,秋季变红,十分艳丽。既可不占绿化地面,美化墙壁,又可调节室内温度,是垂直绿化和美化高大建筑物的极好材料,又是秋色叶景观树种。

**【繁育技术】** 播种、扦插、分株、压条、埋根均可,但以播种和扦插为主。

播种繁殖:在10月种子成熟时采收,去除果肉,洗净阴干,用湿沙低温贮藏,至翌年3～4月播种,在播前两个月,将种子浸水1～2天后层积沙藏,待播前5～7天,置于背风向阳处增温,保湿催芽。当见到1/3的种子萌动时,即可下播。采用条播,行距20～30厘米,播种量每667米$^2$20～30千克,播深1～2厘米,覆土、盖草、保温,一般10～15天出苗,当年苗可长达一米以上,翌年出圃。

扦插繁殖:软枝、硬枝扦插均可,很易生根成苗。插穗长20～30厘米,越粗当年生长量越大。所以,在条源充足的情况下,以扦插繁殖最好。分株、压条、埋根繁殖均易成活,但产苗太少,很少采用。

## 四、葡 萄

为葡萄科葡萄属植物。

## 四、葡　萄

【形态特征】 落叶藤本，长达30米，卷须与叶对生，单叶掌状分裂，长7～15厘米，3～5裂，花小，黄绿色，圆锥花序，浆果，球形或椭圆形，紫红色，花期5～6月，果8～9月成熟。

【分布与习性】 原产于西亚，我国已有2 000多年栽培历史，辽宁以南至长江以北各地均有栽培。不耐严寒，喜光、喜干燥夏季高温的大陆性气候，耐干旱，不耐水渍，对土壤要求不严，但碱土不宜。

【绿化用途】 树姿优美，果色艳丽、晶莹，是棚架立体绿化的好树种。常作花廊、花架栽植，也可盆栽观赏。

【繁育技术】 用扦插、嫁接、压条法，以扦插繁殖为主。

扦插繁殖：秋季落叶后，选择粗壮、腋芽饱满的枝条作插穗，每根插穗应有2～3个芽，上剪口在芽上端两厘米处平剪，下端距芽0.5厘米处斜剪，插穗入土2/3，行株距30厘米×10厘米，上面芽向南，插后浇透水保墒。春季扦插常用高垄，行株距可加大到30厘米×20厘米，用斜插，架设拱棚，保温保湿。注意葡萄很多品种有先发芽、后发根的特性，在见到发芽的假活阶段不能放松管理。一般40天左右即可生根，然后撤去覆盖物，在长出5～6片叶后，开始追肥。

压条繁殖：春季在枝蔓下挖6～7厘米深的沟，将枝蔓压入沟中，埋土，压后15～20天即可生根，翌年与母体断离，移栽。

## 五、常春藤

又名：中华常春藤。为五加科常春藤属，常春藤变种。

**【形态特征】** 常绿攀缘藤本，具气根，长可达 20～30 米。单叶互生，叶三角状卵形，全缘或三裂。花果枝上的叶椭圆状卵形，全缘，叶柄细长。花两性，伞形花序，花小淡绿白色，有芳香。核果球形，径约一厘米，熟时红色或黄色。花期 8～9 月，果 12 月成熟。

**【分布与习性】** 我国特产，分布于华中、华南、西南至西北。喜温暖，能耐－7℃低温；耐阴性强；喜湿润，不耐干旱和盐碱土；生长快，繁殖容易。

**【绿化用途】** 枝叶茂密，四季常青，可用于攀缘假山、岩石、建筑物墙壁，是常用的垂直绿化植物，也可作盆栽，供室内观赏，或蔓生树下作地被物栽培。

**【繁育技术】** 扦插、播种，压条均可，但以扦插为主。

扦插繁殖：在 6～7 月剪取当年生半木质化的枝条，剪成 10～15 厘米长的插穗，上部留 2～3 叶，行株距 25 厘米×15 厘米，插深 3～5 厘米，插后及时灌水，并加盖荫棚，保持阴湿，20～30 天可生根。待生根成活后，即可撤去荫棚，并注意适时浇水，并追肥 1～2 次。翌年春季即可出圃。秋季扦插也可，只要注意保湿，成活率也很高。

同属洋常春藤（H helix L）及其变种，原产于欧洲，我国引入盆栽观赏，叶较大，3～5 裂，果黑色。

## 六、美国凌霄

为紫葳科凌霄属植物。

【形态特征】 落叶大藤本，长达10米。以气生根攀缘上升。小枝紫褐色。叶对生，羽状复叶，小叶7～9枚，卵形至卵状披针形，长4～6厘米，花大，两性，顶生圆锥花序，花冠唇状漏斗形，外面橙红色，蒴果细长圆筒形。花期6～8月，果10月成熟。

【分布与习性】 原产于北美。我国各地引种栽培。耐寒性较强，在北京可露地越冬。喜光，稍耐阴，耐干旱和水湿。对土壤适应性强，深根性、萌蘖力和萌芽力均强。

【绿化用途】 枝叶茂密，花大色艳。可作攀缘棚架、花门、攀附山石材料，也可作桩景。

【繁育技术】 常因自花不孕，故难结实。多采用无性繁殖，扦插在春、夏、秋三季均可进行。行株距30厘米×30厘米，插穗选当年生半木质化嫩尖，生根快、成活率高。插穗上部叶片剪去1/2，减少蒸腾。夏插最晚不超过6月下旬，并搭荫棚，喷水降温，控制棚内不超过30℃，湿度不低于85%～90%，冬插插穗选择木质化好的1～2年生枝条，生根成活好。

埋根繁殖：在3月中旬挖取粗壮的1～2年生根系，截取长8～10厘米长的根段，按行株距40厘米×15厘米，直埋或斜埋均可，上端与地面齐平，少量喷水，不宜过湿。

分株繁殖：在落叶后或早春萌芽前，掘取母株周围的萌生苗或将母株整株带土挖出，劈成几份，每份有2～3个枝干，并带根分栽，行株距50～60厘米×30～40厘米。栽后覆土压紧，浇水保湿，很易成活。

# 第十二章　常用竹类

## 一、孝 顺 竹

又名:凤凰竹、慈寿竹、观音竹、蓬莱竹。为禾本科竹亚科簕竹属。

**【形态特征】** 竿丛生,高 2～7 米,径 1～3 厘米,圆筒形,节间绿色,每节有枝条多数,叶条状披针形,长 4～14 厘米,笋期 6～9 月。

**【分布与习性】** 原产于我国华南、西南至长江流域各省、自治区。是丛生竹类中分布最广、适应性最强、抗寒力最强的竹种之一。喜温暖湿润、排水良好、肥沃疏松土壤,不耐盐碱。

**【绿化用途】** 植丛秀美,丛生不蔓延扩展,适于庭院墙隅、屋角、路边、湖畔栽植。可对植、列植,有清净幽雅之感。

**【繁育技术】** 主要采用扦插和分株繁殖。

扦插繁殖:在 5～6 月间选取腋芽饱满的嫩枝,上部带叶,斜插,及时浇水保湿。约 20 天即可萌生不定根。待新笋长出后即可移植。

分株繁殖:在 3～4 月间,选取 1～2 年生健壮母株,将上部竹竿截断,从竿柄连竹兜挖出与母体分离,移植栽后覆土、压实、浇水,如遇天旱,应盖草保湿。

## 二、凤尾竹

又名:观音竹。为禾本科竹亚科簕竹属孝顺竹的变种。

【形态特征】　丛生型竹,植株矮小,高1～2米,竿径不超过1厘米,枝叶稠密,枝纤细而弯曲,每小枝有叶10余枚,羽状排列,叶片长2～5厘米。笋期6～9月。

【分布与习性】　长江流域及其以南地区广为栽培。喜温暖,不耐严寒,稍耐阴,忌积水,适于湿润、深厚肥沃、排水良好的土壤中生长。

【绿化用途】　矮小丛生型,适栽于庭院墙角、草坪边缘或作"岁寒三友"配植材料,也可栽作盆景。

【繁育技术】　分株或扦插繁殖。

分株于2～3月间,叶芽萌动前进行,选1～2年生母竹,3～5株为一丛,带土挖出,分植即可。扦插在5～6月进行,将一年生枝条剪成有2～3节的插穗,去掉下部叶片,插于沙床中,覆土10～15厘米,保湿,当年可生根移栽。

## 三、佛肚竹

又名:密节竹、佛竹。为禾本科竹亚科簕竹属植物。

【形态特征】　竿丛生,幼时深绿色,老竹竿变黄褐色,竿二型,正常竹竿节间长,圆筒形,畸形竹竿节间短,竹竿下部节间呈瓶状,下粗上细,每小枝有叶7～13枚,叶片卵状披针形，长 12～21 厘米。

【分布与习性】 我国广东特产。长江以南各地城镇常见栽培。喜温暖，不耐寒，喜光，稍耐阴，忌干旱，适于肥沃疏松中性或微酸性土壤。

【绿化用途】 适于庭院僻静处，丛植或盆栽。是珍贵奇特的绿化树种。

【繁育技术】 主要以扦插或分株繁殖。

扦插繁殖：在 5～6 月进行，选粗壮嫩枝 3～5 节，具饱满腋芽，带叶斜插，浇水保湿，约 20 天即可长出不定根，待新笋长出后，即可移植。

分株繁殖：在早春 3～4 月间，取 1～2 年生母株，从株丛中挖出，剪去竹竿上部及枝叶，连根带土移栽，栽后覆土，压实、浇水保湿。盆栽时，冬季应置温室，室温不低于 5℃，以防受冻。

## 四、龟甲竹

又名：佛面竹、罗汉竹、龟纹竹、龙鳞竹、蕲竹、笛竹。为禾本科竹亚科刚竹属毛竹的变种。

【形态特征】 竿散生，高 4～7 米，竹竿下部 1/3～2/5 的高度内，竹节斜生，节间膨大，交错呈龟纹状，竹竿上部节与节间均与毛竹无异，每节生 2 分枝，每小枝有叶 4～5 片，叶长披针形，长 4～11 厘米。笋期 4～5 月。

【分布与习性】 为湖北蕲春县和黄梅县特产，以蕲春为主，野生数量很少。长江流域各城镇多有引种，华北地区城镇也有栽培。喜温暖湿润，不耐严寒，喜光，忌积水。

【绿化用途】　因其竹竿下部形态别致，有很高的观赏价值，可栽在风景旅游区、公园僻静处，成为观赏胜景，也可盆栽。

【繁育技术】　采用扦插和播种繁殖，也可分株繁殖。

扦插繁殖，多在春、秋两季进行，春季4～5月，可利用修剪下的枝条，秋季9～10月可利用当年生的侧枝。剪或具有2～3节的插穗，剪去插穗上过多的气根和下部大叶，保留上部幼叶，插深1/2～2/3入土。插后遮荫，并保持土壤湿润，每天向叶面喷水。一个月左右可以生根。当长出新芽时即可移栽或上盆。

播种繁殖：播前用40℃温水浸泡12小时，采用盆播，盆土先经高温消毒。播后25～30天发芽。播种育苗时，室温应保持在25℃～28℃，温度太低，种子易霉烂。

分株繁殖，应截去上部竹竿，挖出竹兜连同竹鞭一起移栽，栽时宜浅覆土，常喷水，成活后，及时松土、施肥。

## 五、紫　竹

又名：墨竹、乌竹、黑竹。为禾本科竹亚科刚竹属植物。

【形态特征】　竿散生，高3～10米，直径2～4厘米，新竿绿色，老竿变棕黑色至黑紫色，每节两个分枝，叶披针形，长4～10厘米，2～3枚生小枝顶部。笋期4～5月。

【分布与习性】　原产于我国长江流域及其以南各地，湖南与广西交界处有野生紫竹林。较耐寒，能耐－18℃低温，喜光，耐阴性强，但不耐积水，适栽于土层深厚、肥沃、湿润疏松的地段。

【绿化用途】 竹竿紫黑色，幽雅别致，宜植于庭院墙角、宅旁、池边、园路两侧、亭廊路旁，如以白色粉墙为背景，更突显幽趣。

【繁育技术】 分株或埋鞭繁殖：分株时，选 2～3 年生，竿形较矮小、生长健壮的母竹为好，挖母竹时，应留一米左右长的鞭，并带宿土，除去竿梢。

埋鞭繁殖：应选 2～3 年生、生长良好、竹鞭约 1.5 米长一段，浅埋、覆土、盖草，充分浇水保湿。

# 附表一　园林绿化树种繁育方法

| (一) | 乔　木　类 |
|---|---|
| 树　种 | 繁　殖　方　法 |
| 苏　铁 | 播种和分株繁殖 |
| 雪　松 | 播种为主,也可扦插 |
| 白皮松 | 播种 ,播前必须混沙贮藏 |
| 油　松 | 播种,播前温水浸种或混沙催芽,也可扦插 |
| 侧　柏 | 播种,播前温水浸种催芽 |
| 圆　柏 | 播种为主,也可扦插。播前温水浸种或混沙催芽。从幼林母树采条,激素处理有效 |
| 罗汉松 | 播种或扦插 |
| 广玉兰 | 播种、扦插、压条、嫁接。播种催芽前应去掉种皮油质,混沙催芽。嫁接以玉兰或辛夷作砧木 |
| 女　贞 | 播种也可扦插繁殖,播前应混沙催芽,扦插容易 |
| 桂　花 | 嫁接,也可压条、扦插。嫁接以小叶女贞、女贞、小叶白蜡作砧木 |
| 珊瑚树 | 扦插,也可播种 |
| 棕　榈 | 播种,播前混沙催芽 |
| 银　杏 | 播种及嫁接。种子隔年发芽,必须混沙催芽。嫁接以实生苗作砧木 |
| 水　杉 | 播种或扦插。实生苗条扦插生根率高 |
| 毛白杨 | 扦插、嫁接、留根、分蘖。根蘖苗条扦插易生根 |
| 垂　柳 | 扦插 |
| 榆　树 | 播种。播前温水浸种催芽 |
| 玉　兰 | 播种、扦插、压条及嫁接。播前应混沙贮藏。嫁接以木兰作砧木 |

# 附表一　园林绿化树种繁育方法

续附表一

| (一) | 乔 木 类 |
|---|---|
| 树　种 | 繁 殖 方 法 |
| 鹅掌楸 | 播种或扦插。播前应混沙催芽。多用根插 |
| 悬铃木 | 播种。也可扦插。播前温水浸种或混沙催芽。实生苗扦插成活率高 |
| 桃 | 嫁接,也可用播种和压条。嫁接以山桃和毛桃作砧木。播前应混沙催芽 |
| 梅 | 嫁接,也可扦插、压条。嫁接以桃、山桃、杏、山杏和梅的实生苗等作砧木 |
| 红叶李 | 嫁接,也可扦插。嫁接以桃、李、梅或山杏和山桃作砧木 |
| 樱　花 | 播种、嫁接、分蘖和扦插。播前应混沙贮藏。嫁接以樱桃作砧木 |
| 合　欢 | 播种,播前热水浸种或混沙催芽 |
| 国　槐 | 播种,播前热水浸种或混沙催芽 |
| 鸡爪槭 | 播种,而园艺变种常用嫁接法繁殖。播前应混沙贮藏。嫁接用3～4年生鸡爪槭实生苗作砧木 |
| 栾　树 | 播种,播前应混沙贮藏 |
| 紫　薇 | 播种,也可扦插。播前应混沙贮藏。扦插用1～2年生粗壮枝 |
| 泡　桐 | 埋根,也可播种 |
| 楸　树 | 埋根,也可根插 |
| 樟　树 | 主要以播种繁殖为主 |
| 枫　香 | 主要以播种繁殖为主 |
| 香　椿 | 播种,扦插,也可分蘖繁殖 |
| 喜　树 | 主要以播种繁殖为主 |
| 榉　树 | 主要以播种繁殖为主 |
| 石　楠 | 播种,也可扦插和压条。播前混沙催芽 |
| 金钱松 | 以播种繁殖为主,也可扦插、嫁接繁殖 |
| 池　杉 | 播种和扦插繁殖 |

**续附表一**

| (一) | 乔木类 |
| --- | --- |
| 树种 | 繁殖方法 |
| 加拿大杨 | 主要是用扦插繁殖 |
| 旱柳 | 以扦插为主,也可播种繁殖 |
| 枫杨 | 播种繁殖为主 |
| (二) | 灌木类 |
| 树种 | 繁殖方法 |
| 紫荆 | 播种,也可分株、扦插和压条 |
| 含笑 | 扦插,也可嫁接、压条和播种 |
| 山茶 | 扦插,嫁接或播种 |
| 十大功劳 | 扦插,嫩枝扦插,喷水遮荫。容易生根 |
| 南天竹 | 播种、扦插和分株。播前应混沙贮藏。扦插繁殖容易 |
| 红花檵木 | 播种、扦插和分株。播前应混沙贮藏。扦插繁殖容易 |
| 八角金盘 | 扦插,也可播种和分株 |
| 海桐 | 播种、扦插,扦插繁殖容易 |
| 石楠 | 播种,也可扦插和压条。播前混沙催芽 |
| 月季 | 扦插或嫁接。嫁接以蔷薇品种或劣种月季作砧木 |
| 紫荆 | 播种,也可分株、扦插和压条 |
| 大叶黄杨 | 扦插,也可播种和压条 |
| 锦熟黄杨 | 扦插,也可播种和压条。播前应混沙贮藏 |
| 雀舌黄杨 | 扦插,也可播种和压条 |
| 小叶女贞 | 播种,也可扦插 |
| 夹竹桃 | 扦插繁殖容易 |
| 栀子花 | 扦插,也可压条、播种和分株。扦插繁殖容易 |
| 凤尾兰 | 分蘖,也可茎插 |

# 附表一 园林绿化树种繁育方法

续附表一

| （二） | 灌 木 类 |
|---|---|
| 树 种 | 繁 殖 方 法 |
| 蜡 梅 | 嫁接，也可压条和分株。嫁接用2年生的狗芽蜡梅或其他蜡梅实生苗或分蘖苗作砧木。多用压条繁殖 |
| 日本小檗 | 播种和扦插。播前应混沙贮藏。扦插繁殖容易 |
| 牡 丹 | 播种、分株和嫁接。播前应混沙贮藏。嫁接以芍药根作砧木 |
| 绣球花 | 扦插，也可压条和分株 |
| 麻叶绣线菊 | 播种、分株和扦插。扦插繁殖容易 |
| 棣 棠 | 分株，也可扦插、播种 |
| 贴梗海棠 | 扦插，也可压条和分株 |
| 木 槿 | 扦插，也可分株。扦插繁殖容易 |
| 石 榴 | 播种、扦插、分株、压条和嫁接。嫁接以3～4年生酸石榴或实生苗作砧木 |
| 杜鹃花 | 播种、扦插、分株、压条、嫁接及分株。雨季扦插成活率高 |
| 迎春花 | 扦插、分株、压条。扦插繁殖容易 |
| 紫丁香 | 扦插和嫁接。嫁接用欧洲丁香、女贞、水蜡树和流苏作砧木。也可播种 |
| 锦带花 | 播种和扦插。播前应混沙贮藏。扦插繁殖容易 |
| 木芙蓉 | 扦插、播种、压条和分株 |
| 扶 桑 | 扦插和嫁接繁殖，以扦插为主 |

| （三） | 藤 本 |
|---|---|
| 树 种 | 繁 殖 方 法 |
| 紫 藤 | 扦插、播种、压条、分株和埋根。播前热水浸种催芽 |
| 爬山虎 | 扦插、分株、压条和埋根。播前应混沙贮藏 |

续附表一

| （三） | 藤　本 |
| --- | --- |
| 树　种 | 繁　殖　方　法 |
| 葡　萄 | 扦插、嫁接和压条。嫁接用山葡萄、贝达、贝山、河岸葡萄、沙地葡萄、刺葡萄作砧木 |
| 常春藤 | 扦插、播种和压条，以扦插为主 |
| 美国凌霄 | 播种、扦插、压条和分株 |
| 金银花 | 播种、扦插、压条和分株 |
| （四） | 竹　类 |
| 树　种 | 繁　殖　方　法 |
| 孝顺竹 | 主要采用扦插和分株繁殖 |
| 凤尾竹 | 分株和扦插繁殖 |
| 佛肚竹 | 主要以扦插或分株繁殖 |
| 龟甲竹 | 扦插和播种繁殖，也可分株繁殖 |
| 紫　竹 | 分株或埋鞭繁殖 |

# 附表二 常用造林绿化树种苗木质量标准表

| 序号 | 树种名称 | 苗木类型 | 苗龄 | 苗木等级 | | | | | | | | 综合控制条件 |
|---|---|---|---|---|---|---|---|---|---|---|---|---|
| | | | | Ⅰ级苗 | | | | Ⅱ级苗 | | | | |
| | | | | 地径(cm)＞ | 苗高(cm)＞ | 根系 | | 地径(cm) | 苗高(cm) | 根系 | | |
| | | | | | | 长度(cm) | ＞5cm长Ⅰ级侧根数 | | | 长度(cm) | ＞5cm长Ⅰ级侧根数 | |
| 1 | 中嘉、中潜、中公、中石杨 Populus deitoides Populus xeuramericana | 插条苗 | $1_{(2)}$-0 | 3.20 | 480 | | | 2.60～3.20 | 420～480 | | | 充分木质化 |
| | | | | 3.00 | 400 | | | 2.50～3.00 | 300～400 | | | 充分木质化 |
| 2 | 南林95、895杨 Populus X euramericana cv. “Nanlin”95、895 | 插条苗 | $1_{(2)}$-0 | 3.00 | 420 | | | 2.50～3.00 | 380～420 | | | 充分木质化 |
| | | | | 2.50 | 320 | | | 2.00～2.50 | 280～320 | | | 充分木质化 |

**续附表二**

| 序号 | 树种名称 | 苗木类型 | 苗龄 | 苗木等级 | | | | | | | | 综合控制条件 |
|---|---|---|---|---|---|---|---|---|---|---|---|---|
| | | | | Ⅰ级苗 | | | | Ⅱ级苗 | | | | |
| | | | | 地径(cm)> | 苗高(cm)> | 根系 长度(cm) | 根系 >5cm长Ⅰ级侧根数 | 地径(cm) | 苗高(cm) | 根系 长度(cm) | 根系 >5cm长Ⅰ级侧根数 | |
| 3 | 山地杨 MD(P. Deltoides×P. Maximowiczii) | 插条苗 | $1_{(2)}$-0 | 2.50 | 350 | | | 1.50～2.50 | 250～350 | | | 充分木质化 |
| 4 | 枫杨 Pterocarya stenoptera | 播种苗 | 1-0 | 1.00 | 100 | 20 | 10 | 0.80～1.00 | 80～100 | 15 | 6 | 充分木质化 |
| | | 插条苗 | 1-0 | 1.40 | 120 | | | 1.00～1.40 | 70～120 | | | 充分木质化 |
| | | | $1_{(2)}$-0 | 3.00 | 350 | | | 2.00～3.00 | 250～350 | | | 充分木质化 |
| 5 | 日本落叶松 Larix kaempferi | 播种苗 | 1-0 | 0.30 | 15 | 18 | 7 | 0.20～0.30 | 10～15 | 12 | 4 | 充分木质化，色泽正常 |
| | | | 2-0 | 0.70 | 60 | 20 | 12 | 0.50～0.70 | 40～60 | 15 | 8 | 充分木质化，色泽正常 |

续附表二

| 序号 | 树种名称 | 苗木类型 | 苗龄 | 苗木等级 | | | | | | | | 综合控制条件 |
|---|---|---|---|---|---|---|---|---|---|---|---|---|
| | | | | Ⅰ级苗 | | | | Ⅱ级苗 | | | | |
| | | | | 地径(cm)＞ | 苗高(cm)＞ | 根系 | | 地径(cm) | 苗高(cm) | 根系 | | |
| | | | | | | 长度(cm) | ＞5cm长Ⅰ级侧根数 | | | 长度(cm) | ＞5cm长Ⅰ级侧根数 | |
| 6 | 马尾松 Pinus massoniana | 播种苗 | 1-0 | 0.35 | 20 | 15 | 8 | 0.25～0.35 | 15～20 | 12 | 5 | 顶芽饱满,无损伤 |
| | | | 1-0 | 0.30 | 20 | 15 | 6 | 0.20～0.30 | 15～20 | 10 | 3 | 顶芽饱满,无损伤 |
| | | 容器苗 | 1-0 | 0.30 | 16 | | | 0.20～0.30 | 12～16 | | | 顶芽饱满,无损伤 |
| 7 | 火炬松 Pinus taeda | 播种苗 | 1-0 | 0.60 | 30 | 20 | 8 | 0.40～0.60 | 20～30 | 15 | 5 | 顶芽饱满,无损伤 |
| 8 | 黄山松 Pinus taiwanensis | 播种苗 | 1-0 | 0.30 | 17 | 15 | 6 | 0.20～0.30 | 12～17 | 10 | 3 | 顶芽饱满,无损伤 |
| 9 | 湿地松 Pinus elliottii | 播种苗 | 1-0 | 0.70 | 30 | 20 | 8 | 0.50～0.70 | 20～30 | 15 | 5 | 顶芽饱满,无损伤 |
| | | 容器苗 | 1-0 | 0.45 | 25 | | | 0.35～0.45 | 20～25 | | | 顶芽饱满,无损伤 |

续附表二

| 序号 | 树种名称 | 苗木类型 | 苗龄 | 苗木等级 | | | | | | | | 综合控制条件 |
|---|---|---|---|---|---|---|---|---|---|---|---|---|
| | | | | Ⅰ级苗 | | | | Ⅱ级苗 | | | | |
| | | | | 地径(cm)＞ | 苗高(cm)＞ | 根系 | | 地径(cm) | 苗高(cm) | 根系 | | |
| | | | | | | 长度(cm) | ＞5cm长Ⅰ级侧根数 | | | 长度(cm) | ＞5cm长Ⅰ级侧根数 | |
| 10 | 华山松 Pinus armandi | 播种苗 | 1-0 | 0.30 | 15 | 20 | 10 | 0.20～0.30 | 10～15 | 15 | 6 | 顶芽饱满，无损伤 |
| 11 | 柏木 Cupressus funebris | 播种苗 | 1.5-0 | 0.50 | 45 | 15 | 8 | 0.40～0.50 | 35～45 | 15 | 6 | 顶芽饱满，无损伤 |
| 12 | 杉木 Cunninghamia lanceolata | 播种苗 | 1-0 | 0.40 | 25 | 20 | 12 | 0.30～0.40 | 20～25 | 15 | 8 | 充分木质化，叶色紫红或灰绿，无损伤 |
| | | | | 0.35 | 20 | 15 | 8 | 0.25～0.35 | 15～20 | 10 | 5 | 充分木质化，叶色紫红或灰绿，无损伤 |
| | | 容器苗 | 1-0 | 0.30 | 20 | | | 0.20～0.30 | 15～20 | | | 充分木质化，叶色紫红或灰绿，无损伤 |

续附表二

| 序号 | 树种名称 | 苗木类型 | 苗龄 | 苗木等级 |  |  |  |  |  |  |  | 综合控制条件 |
|---|---|---|---|---|---|---|---|---|---|---|---|---|
|  |  |  |  | Ⅰ级苗 |  |  |  | Ⅱ级苗 |  |  |  |  |
|  |  |  |  | 地径(cm)＞ | 苗高(cm)＞ | 根系 |  | 地径(cm) | 苗高(cm) | 根系 |  |  |
|  |  |  |  |  |  | 长度(cm) | ＞5cm长Ⅰ级侧根数 |  |  | 长度(cm) | ＞5cm长Ⅰ级侧根数 |  |
| 13 | 柳　杉 Cryptomeria fortunei | 播种苗 | 1-0 | 0.40 | 30 | 15 | 8 | 0.20～0.40 | 20～30 | 10 | 6 | 顶芽饱满，色泽正常，充分木质化，无损伤 |
| 14 | 池杉、落羽杉 Taxodium ascendens | 播种苗 | 1-0 | 1.20 | 90 | 20 | 8 | 0.80～1.20 | 70～90 | 20 | 5 | 色泽正常，充分木质化，无损伤 |
|  |  | 插条苗 | 1-0 | 0.90 | 100 | 20 |  | 0.70～0.90 | 80～100 | 20 |  | 色泽正常，充分木质化，无损伤 |
|  |  | 移植苗 | 1-1 | 2.00 | 150 | 20 | 12 | 1.50～2.00 | 120～150 | 20 | 8 | 色泽正常，充分木质化，无损伤 |

续附表二

| 序号 | 树种名称 | 苗木类型 | 苗龄 | 苗木等级 | | | | | | | | 综合控制条件 |
|---|---|---|---|---|---|---|---|---|---|---|---|---|
| | | | | Ⅰ级苗 | | | | Ⅱ级苗 | | | | |
| | | | | 地径(cm)> | 苗高(cm)> | 根系 长度(cm) | 根系 >5cm长Ⅰ级侧根数 | 地径(cm) | 苗高(cm) | 根系 长度(cm) | 根系 >5cm长Ⅰ级侧根数 | |
| 15 | 水　杉 Metasequoia glyptostroboides | 播种苗 | 1-0 | 0.70 | 60 | 20 | 10 | 0.50～0.70 | 40～60 | 15 | 8 | 色泽正常，充分木质化，无损伤 |
| | | 插条苗 | 1-0 | 0.90 | 65 | 20 | | 0.70～0.90 | 50～65 | 20 | | 色泽正常，充分木质化，无损伤 |
| | | 移植苗 | 1-1 | 2.00 | 130 | 20 | 15 | 1.50～2.00 | 100～130 | 20 | 12 | 色泽正常，充分木质化，无损伤 |
| 16 | 红豆杉 Taxus chinensis | 播种苗 | 1-0 | 0.30 | 20 | 15 | 8 | 0.20～0.30 | 15～20 | 10 | 5 | 色泽正常，充分木质化，无损伤 |
| 17 | 侧　柏 Platycladus orientalis | 播种苗 | 1.5-0 | 0.35 | 30 | 20 | 5 | 0.25～0.35 | 20～30 | 15 | 4 | 色泽正常，无枯梢现象 |
| | | | | 0.45 | 40 | 20 | 5 | 0.35～0.45 | 30～40 | 15 | 4 | 色泽正常，无枯梢现象 |
| | | 移植苗 | 1-1 | 1.00 | 80 | 20 | 15 | 0.80～1.00 | 60～80 | 15 | 10 | 充分木质化，无枯梢现象 |

续附表二

| 序号 | 树种名称 | 苗木类型 | 苗龄 | 苗木等级 | | | | | | | | 综合控制条件 |
|---|---|---|---|---|---|---|---|---|---|---|---|---|
| | | | | Ⅰ级苗 | | | | Ⅱ级苗 | | | | |
| | | | | 地径(cm)＞ | 苗高(cm)＞ | 根系 | | 地径(cm) | 苗高(cm) | 根系 | | |
| | | | | | | 长度(cm) | ＞5cm长Ⅰ级侧根数 | | | 长度(cm) | ＞5cm长Ⅰ级侧根数 | |
| 18 | 日本花柏 Chamaeeyparis pisifera | 播种苗 | 1-0 | 0.30 | 25 | 20 | 5 | 0.20～0.30 | 15～25 | 15 | 4 | 顶芽饱满，无损伤 |
| | | 移植苗 | 1-1 | 0.40 | 35 | 20 | 8 | 0.30～0.40 | 25～35 | 15 | 6 | 顶芽饱满，无损伤 |
| 19 | 楠　竹 Phyllostachys heterocycla | 母竹 | 3～4年 | φ=3.0～5.0 | | | | | | | | 基部节密，分枝较低，色泽正常，无检疫性有害生物 |
| 20 | 雷　竹 CV. Ventricousinternode | 母竹 | 3～4年 | φ=2.0～3.0 | | | | | | | | 基部节密，分枝较低，色泽正常，无检疫性有害生物 |

续附表二

| 序号 | 树种名称 | 苗木类型 | 苗龄 | 苗木等级 | | | | | | | | 综合控制条件 |
|---|---|---|---|---|---|---|---|---|---|---|---|---|
| | | | | Ⅰ级苗 | | | | Ⅱ级苗 | | | | |
| | | | | 地径(cm)＞ | 苗高(cm)＞ | 根系 | | 地径(cm) | 苗高(cm) | 根系 | | |
| | | | | | | 长度(cm) | ＞5cm长Ⅰ级侧根数 | | | 长度(cm) | ＞5cm长Ⅰ级侧根数 | |
| 21 | 板　栗 Castanea mollissima | 播种苗 | 1-0 | 0.80 | 80 | 20 | 20 | 0.60～0.80 | 60～80 | 20 | 15 | 充分木质化，无检疫性有害生物 |
| | | 嫁接苗 | $1_{(2)}$-0 | 1.00 | | 25 | 25 | 0.70～1.00 | | 20 | 20 | 充分木质化，无检疫性有害生物 |
| 22 | 桂　花 Osmanthus fragrans | 播种苗 | 1-0 | 0.60 | 60 | 20 | 10 | 0.40～0.60 | 40～60 | 15 | 6 | 充分木质化，色泽正常 |
| | | 插条苗 | 0.5-0 | 0.40 | 10 | 10 | | 0.30～0.40 | 6 | 10 | | 充分木质化，色泽正常 |
| | | | 1-0 | 0.50 | 20 | 15 | 8 | 0.40～0.50 | 15～20 | 15 | 5 | 充分木质化，色泽正常 |
| 23 | 枫　香 Liquidamba formosana Hance | 播种苗 | 1-0 | 0.80 | 80 | 20 | 10 | 0.60～0.80 | 70～80 | 15 | 8 | 顶芽饱满，无损伤 |

续附表二

| 序号 | 树种名称 | 苗木类型 | 苗龄 | 苗木等级 | | | | | | | | 综合控制条件 |
|---|---|---|---|---|---|---|---|---|---|---|---|---|
| | | | | Ⅰ级苗 | | | | Ⅱ级苗 | | | | |
| | | | | 地径(cm)＞ | 苗高(cm)＞ | 根系 长度(cm) | 根系 ＞5cm长Ⅰ级侧根数 | 地径(cm) | 苗高(cm) | 根系 长度(cm) | 根系 ＞5cm长Ⅰ级侧根数 | |
| 24 | 核　桃 Juglans regia | 播种苗 | 1-0 | 1.00 | 50 | 25 | 20 | 0.80～1.00 | 40～50 | 20 | 15 | 充分木质化，无检疫性有害生物 |
| | | 嫁接苗 | $1_{(2)}$-0 | 0.90 | 40 | 20 | 25 | 0.70～0.90 | 30～40 | 16 | 20 | 充分木质化，无检疫性有害生物 |
| 25 | 油　茶 Camellia oleifera | 家系苗 | 1-0 | 0.30 | 20 | 15 | 7 | 0.20～0.30 | 15～20 | 10 | 4 | 顶芽饱满，无损伤 |
| | | 芽苗砧苗 | 0.5-0 | 0.20 | 9 | | | 0.15～0.20 | 6～10 | | | 充分木质化，叶色正常，无损伤 |
| | | | 0.5-0.5 | 0.25 | 11 | | | 0.20～0.25 | 7～11 | | | 充分木质化，叶色正常，无损伤 |
| | | | 0.5-1.5 | 0.35 | 35 | | | 0.25～0.35 | 25～35 | | | 充分木质化，叶色正常，无损伤 |
| 26 | 胡　柚 Citrusparadisicv. | 嫁接苗 | $1_{(2)}$-0 | 0.80 | 60 | 15 | 10 | 0.60～0.80 | 40～60 | 10 | 6 | 顶芽饱满，色泽正常，充分木质化 |

续附表二

| 序号 | 树种名称 | 苗木类型 | 苗龄 | 苗木等级 | | | | | | | | 综合控制条件 |
|---|---|---|---|---|---|---|---|---|---|---|---|---|
| | | | | Ⅰ级苗 | | | | Ⅱ级苗 | | | | |
| | | | | 地径(cm)＞ | 苗高(cm)＞ | 根系 | | 地径(cm) | 苗高(cm) | 根系 | | |
| | | | | | | 长度(cm) | ＞5cm长Ⅰ级侧根数 | | | 长度(cm) | ＞5cm长Ⅰ级侧根数 | |
| 27 | 杜　仲<br>Eucommia ulmoides | 播种苗 | 1-0 | 0.90 | 80 | 20 | 8 | 0.60～0.90 | 60～80 | 15 | 6 | 充分木质化 |
| 28 | 鹅掌楸<br>Liriodendron chinense（Hemsl.）Sarg. | 播种苗 | 2-0 | 1.20 | 100 | 20 | | 0.80～1.20 | 60～100 | 15 | | 色泽正常，充分木质化 |
| 29 | 花　椒<br>Zanthoxylum bungeanum | 播种苗 | 1-0 | 0.80 | 80 | 15 | 6 | 0.50～0.80 | 60～80 | 12 | 4 | 充分木质化 |
| 30 | 柑　橘<br>Citrus reticulata Banco | 嫁接苗 | $1_{(2)}$-0 | 0.70 | 60 | 15 | 10 | 0.40～0.70 | 40～60 | 10 | 6 | 顶芽饱满，色泽正常，充分木质化 |

续附表二

| 序号 | 树种名称 | 苗木类型 | 苗龄 | 苗木等级 | | | | | | | | 综合控制条件 |
|---|---|---|---|---|---|---|---|---|---|---|---|---|
| | | | | Ⅰ级苗 | | | | Ⅱ级苗 | | | | |
| | | | | 地径(cm)＞ | 苗高(cm)＞ | 根系 | | 地径(cm) | 苗高(cm) | 根系 | | |
| | | | | | | 长度(cm) | ＞5cm长Ⅰ级侧根数 | | | 长度(cm) | ＞5cm长Ⅰ级侧根数 | |
| 31 | 茶　树 Camellia sinensis | 播种苗 | 1-0 | 0.40 | 40 | 20 | | 0.20～0.40 | 20～40 | 15 | | 顶芽饱满，无损伤 |
| | | 插条苗 | 1-0 | 0.50 | 60 | 15 | | 0.30～0.50 | 40～60 | 10 | | 顶芽饱满，无损伤 |
| 32 | 木　瓜 Chaenomeles sinensis | 播种苗 | 1-0 | 0.70 | 80 | 20 | 12 | 0.50～0.70 | 60～80 | 20 | 8 | 充分木质化 |
| 33 | 油　桐 Vernicia fordii | 播种苗 | 1-0 | 1.20 | 80 | 20 | | 0.80～1.20 | 60～80 | 20 | | 顶芽饱满，充分木质化 |
| | | 嫁接苗 | $1_{(2)}$-0 | 1.20 | 80 | 20 | | 1.00～1.20 | 50～80 | 20 | | 顶芽饱满，充分木质化 |
| 34 | 桤　木 Alnus cremastogyne | 播种苗 | 1-0 | 0.70 | 60 | 15 | 10 | 0.50～0.70 | 40～60 | 10 | 8 | 充分木质化 |

续附表二

| 序号 | 树种名称 | 苗木类型 | 苗龄 | 苗木等级 | | | | | | | | 综合控制条件 |
|---|---|---|---|---|---|---|---|---|---|---|---|---|
| | | | | Ⅰ级苗 | | | | Ⅱ级苗 | | | | |
| | | | | 地径(cm)> | 苗高(cm)> | 根系 | | 地径(cm) | 苗高(cm) | 根系 | | |
| | | | | | | 长度(cm) | >5cm长Ⅰ级侧根数 | | | 长度(cm) | >5cm长Ⅰ级侧根数 | |
| 35 | 喜树 Camptotheca acuminata | 播种苗 | 1-0 | 1.00 | 100 | 20 | 10 | 0.80～1.00 | 80～100 | 20 | 8 | 叶色正常，充分木质化 |
| 36 | 银杏 Ginkgo biloba | 播种苗 | 1-0 | 0.60 | 15 | 20 | 5 | 0.40～0.60 | 10～15 | 15 | 3 | 顶芽饱满，充分木质化 |
| | | 播种苗 | 2-0 | 0.90 | 50 | 20 | 10 | 0.60～0.90 | 30～50 | 15 | 6 | 顶芽饱满，充分木质化 |
| | | 嫁接苗 | $1_{(2)}$-0 | 1.00 | 50 | 20 | 12 | 0.70～1.00 | 30～50 | 15 | 8 | 顶芽饱满，充分木质化 |
| 37 | 南酸枣 Choerospondias axillaris (Roxb.) Burtt et Hill | 播种苗 | 1-0 | 1.20 | 120 | 20 | 8 | 0.80～1.20 | 80～120 | 20 | 6 | 充分木质化 |
| 38 | 檫树 Sassafras tzumu | 播种苗 | 1-0 | 1.20 | 90 | 20 | 10 | 0.80～1.20 | 70～90 | 18 | 5 | 充分木质化 |

续附表二

| 序号 | 树种名称 | 苗木类型 | 苗龄 | 苗木等级 | | | | | | | | 综合控制条件 |
|---|---|---|---|---|---|---|---|---|---|---|---|---|
| | | | | Ⅰ级苗 | | | | Ⅱ级苗 | | | | |
| | | | | 地径(cm)> | 苗高(cm)> | 根系 | | 地径(cm) | 苗高(cm) | 根系 | | |
| | | | | | | 长度(cm) | >5cm长Ⅰ级侧根数 | | | 长度(cm) | >5cm长Ⅰ级侧根数 | |
| 39 | 苦楝 Melia azedaeach L. | 播种苗 | 1-0 | 1.20 | 120 | 20 | 8 | 0.80～1.20 | 80～120 | 15 | 5 | 色泽正常，充分木质化 |
| 40 | 桃、李、梨 Prunus persica(L.) Batsch、Prunus salicina Lindl、Pyrus spp. | 嫁接苗 | $1_{(2)}$-0 | 1.00 | 80 | 20 | 15 | 0.60～1.00 | 50～80 | 15 | 10 | 色泽正常，充分木质化 |
| 41 | 枣树 Ziziphus jujuba | 嫁接苗 | $1_{(2)}$-0 | 0.80 | 80 | 20 | 9 | 0.60～0.80 | 60～80 | 20 | 6 | 顶芽饱满，充分木质化 |
| 42 | 柿树 Diospyros kaki | 嫁接苗 | $1_{(2)}$-0 | 1.00 | 80 | 20 | | 0.60～1.00 | 50～80 | 15 | | 色泽正常，充分木质化 |
| 43 | 日本甜柿 Diospyros kaki Thunb. | 嫁接苗 | $1_{(2)}$-0 | 1.00 | 80 | 20 | 10 | 0.60～1.00 | 50～80 | 15 | 6 | 色泽正常，充分木质化 |

**续附表二**

| 序号 | 树种名称 | 苗木类型 | 苗龄 | 苗木等级 | | | | | | | | 综合控制条件 |
|---|---|---|---|---|---|---|---|---|---|---|---|---|
| | | | | Ⅰ级苗 | | | | Ⅱ级苗 | | | | |
| | | | | 地径(cm)＞ | 苗高(cm)＞ | 根系 | | 地径(cm) | 苗高(cm) | 根系 | | |
| | | | | | | 长度(cm) | ＞5cm长Ⅰ级侧根数 | | | 长度(cm) | ＞5cm长Ⅰ级侧根数 | |
| 44 | 杨梅 Myrica rubra (Lour.) Sieb. et Zucc. | 嫁接苗 | 1(2)-0 | 0.80 | 60 | 20 | 10 | 0.50～0.80 | 40～60 | 15 | 6 | 色泽正常，充分木质化 |
| 45 | 枇杷 Eriobotrya japonica | 嫁接苗 | 1(2)-0 | 1.00 | 90 | 20 | 15 | 0.70～1.00 | 60～90 | 15 | 10 | 色泽正常，充分木质化 |
| 46 | 栎类 Quercus spp. | 播种苗 | 1-0 | 0.60 | 50 | 20 | 8 | 0.40～0.60 | 30～50 | 15 | 5 | 充分木质化 |
| 47 | 樟树 Cinnamomum camphora | 播种苗 | 1-0 | 0.60 | 50 | 20 | 6 | 0.40～0.60 | 35～50 | 15 | 3 | 叶色正常，充分木质化 |
| 48 | 乐昌含笑 Michelia chapensis | 播种苗 | 1-0 | 0.60 | 50 | 20 | 10 | 0.40～0.60 | 35～50 | 15 | 6 | 叶色正常，充分木质化 |

续附表二

| 序号 | 树种名称 | 苗木类型 | 苗龄 | 苗木等级 |  |  |  |  |  |  |  | 综合控制条件 |
|---|---|---|---|---|---|---|---|---|---|---|---|---|
|  |  |  |  | Ⅰ级苗 |  |  |  | Ⅱ级苗 |  |  |  |  |
|  |  |  |  | 地径(cm)＞ | 苗高(cm)＞ | 根系 长度(cm) | 根系 ＞5cm长Ⅰ级侧根数 | 地径(cm) | 苗高(cm) | 根系 长度(cm) | 根系 ＞5cm长Ⅰ级侧根数 |  |
| 49 | 紫穗槐 Amorpha fruticosa L. | 播种苗 | 1-0 | 0.80 |  | 20 | 10 | 0.50～0.80 |  | 20 | 6 | 充分木质化 |
| 50 | 泡　桐 Paulownia Sib. et Zucc. | 插根苗 | $1_{(2)}$-0 | 4.00 | 400 |  |  | 3.00～4.00 | 300～400 |  |  | 树干通直，充分木质化 |
| 51 | 女　贞 Liqustrum lucidum | 播种苗 | 1-0 | 0.60 | 60 | 20 | 12 | 0.40～0.60 | 40～60 | 15 | 8 | 叶色正常，充分木质化 |
| 52 | 刺　槐 Robinia pseudoacacia | 播种苗 | 1-0 | 0.90 |  | 20 | 5 | 0.60～0.90 |  | 15 | 3 | 充分木质化 |
|  |  |  |  | 1.20 |  | 20 | 6 | 0.80～1.20 |  | 15 | 4 | 充分木质化 |
| 53 | 黄　柏 Phellodendron chinense | 播种苗 | 1-0 | 0.70 | 60 | 20 |  | 0.45～0.70 | 40～60 | 20 |  | 充分木质化 |

**续附表二**

| 序号 | 树种名称 | 苗木类型 | 苗龄 | 苗木等级 | | | | | | | | 综合控制条件 |
|---|---|---|---|---|---|---|---|---|---|---|---|---|
| | | | | Ⅰ级苗 | | | | Ⅱ级苗 | | | | |
| | | | | 地径(cm)> | 苗高(cm)> | 根系 | | 地径(cm) | 苗高(cm) | 根系 | | |
| | | | | | | 长度(cm) | >5cm长Ⅰ级侧根数 | | | 长度(cm) | >5cm长Ⅰ级侧根数 | |
| 54 | 木荷 Schima superba | 播种苗 | 1-0 | 0.60 | 50 | 20 | | 0.40～0.60 | 30～50 | 15 | | 充分木质化 |
| 55 | 厚朴 Magnalia officinalis | 播种苗 | 1-0 | 0.70 | 50 | 20 | 15 | 0.50～0.70 | 30～50 | 15 | 10 | 充分木质化 |
| | | | 2-0 | 1.00 | 90 | 20 | 20 | 0.80～1.00 | 60～90 | 20 | 15 | 充分木质化 |
| 56 | 漆树 Rhus verniciflua | 播种苗 | 1-0 | 1.00 | 90 | 20 | 10 | 0.60～1.00 | 60～90 | 15 | 5 | 充分木质化 |
| 57 | 栾树 Koelreuteria paniculata Laxm | 播种苗 | 1-0 | 0.80 | 90 | 20 | 12 | 0.50～0.80 | 60～90 | 15 | 8 | 充分木质化 |
| 58 | 楠木 Phoebe bournei | 播种苗 | 1-0 | 0.50 | 30 | 20 | | 0.30～0.50 | 20～30 | 15 | | 色泽正常，充分木质化 |

续附表二

| 序号 | 树种名称 | 苗木类型 | 苗龄 | 苗木等级 | | | | | | | | 综合控制条件 |
|---|---|---|---|---|---|---|---|---|---|---|---|---|
| | | | | Ⅰ级苗 | | | | Ⅱ级苗 | | | | |
| | | | | 地径(cm)> | 苗高(cm)> | 根系 | | 地径(cm) | 苗高(cm) | 根系 | | |
| | | | | | | 长度(cm) | >5cm长Ⅰ级侧根数 | | | 长度(cm) | >5cm长Ⅰ级侧根数 | |
| 59 | 宜昌楠 Phoebe zhennan yichang | 播种苗 | 1-0 | 0.50 | 50 | 20 | | 0.30～0.50 | 30～50 | 15 | | 色泽正常，充分木质化 |
| 60 | 桦木 Betula spp | 播种苗 | 1-0 | 0.50 | 50 | 20 | 8 | 0.40～0.50 | 30～50 | 15 | 5 | 色泽正常，充分木质化 |
| 61 | 重阳木 Bischofia polycarpa | 播种苗 | 1-0 | 0.60 | 70 | 20 | 10 | 0.40～0.60 | 40～70 | 15 | 6 | 色泽正常，充分木质化 |
| 62 | 杜英 Elaeocarpus sylvestris(Lour.)Poir | 播种苗 | 1-0 | 0.70 | 70 | 20 | 10 | 0.50～0.70 | 50～70 | 15 | 6 | 充分木质化 |

续附表二

| 序号 | 树种名称 | 苗木类型 | 苗龄 | 苗木等级 |  |  |  |  |  |  |  | 综合控制条件 |
|---|---|---|---|---|---|---|---|---|---|---|---|---|
|  |  |  |  | Ⅰ级苗 |  |  |  | Ⅱ级苗 |  |  |  |  |
|  |  |  |  | 地径(cm)> | 苗高(cm)> | 根系 |  | 地径(cm) | 苗高(cm) | 根系 |  |  |
|  |  |  |  |  |  | 长度(cm) | >5cm长Ⅰ级侧根数 |  |  | 长度(cm) | >5cm长Ⅰ级侧根数 |  |
| 63 | 悬铃木 Platanus acerifolia | 插条苗 | 1-0 | 1.50 | 200 |  |  | 1.00～1.50 | 120～200 |  |  | 树干通直，充分木质化 |
|  |  | 移植苗 | 1-1 | 2.50 | 250 | 20 |  | 1.50～2.50 | 150～250 | 15 |  | 树干通直，充分木质化 |
|  |  | 移植苗 | 1-2 | 4.00 | 450 | 20 | 10 | 3.00～4.00 | 350～450 | 20 | 5 | 树干通直，充分木质化 |
| 64 | 乌　柏 Sapium sebiferum | 播种苗 | 1-0 | 1.00 | 90 | 20 | 12 | 0.80～1.00 | 60～90 | 15 | 8 | 充分木质化 |
| 65 | 栀　子 Gardenia jasminoides Ellis | 播种苗 | 1-0 | 0.80 | 70 | 15 |  | 0.60～0.80 | 50～70 | 15 |  | 色泽正常，充分木质化 |
| 66 | 香　椿 Toona sinensis | 播种苗 | 1-0 | 1.00 | 90 | 20 |  | 0.70～1.00 | 70～90 | 15 |  | 色泽正常，充分木质化 |

续附表二

| 序号 | 树种名称 | 苗木类型 | 苗龄 | 苗木等级 |  |  |  |  |  |  |  | 综合控制条件 |
|---|---|---|---|---|---|---|---|---|---|---|---|---|
|  |  |  |  | Ⅰ级苗 |  |  |  | Ⅱ级苗 |  |  |  |  |
|  |  |  |  | 地径(cm)＞ | 苗高(cm)＞ | 根系 |  | 地径(cm) | 苗高(cm) | 根系 |  |  |
|  |  |  |  |  |  | 长度(cm) | ＞5cm长Ⅰ级侧根数 |  |  | 长度(cm) | ＞5cm长Ⅰ级侧根数 |  |
| 63 | 悬铃木 Platanus acerifolia | 插条苗 | 1-0 | 1.50 | 200 |  |  | 1.00～1.50 | 120～200 |  |  | 树干通直，充分木质化 |
|  |  | 移植苗 | 1-1 | 2.50 | 250 | 20 |  | 1.50～2.50 | 150～250 | 15 |  | 树干通直，充分木质化 |
|  |  | 移植苗 | 1-2 | 4.00 | 450 | 20 | 10 | 3.00～4.00 | 350～450 | 20 | 5 | 树干通直，充分木质化 |
| 64 | 乌桕 Sapium sebiferum | 播种苗 | 1-0 | 1.00 | 90 | 20 | 12 | 0.80～1.00 | 60～90 | 15 | 8 | 充分木质化 |
| 65 | 栀子 Gardenia jasminoides Ellis | 播种苗 | 1-0 | 0.80 | 70 | 15 |  | 0.60～0.80 | 50～70 | 15 |  | 色泽正常，充分木质化 |
| 66 | 香椿 Toona sinensis | 播种苗 | 1-0 | 1.00 | 90 | 20 |  | 0.70～1.00 | 70～90 | 15 |  | 色泽正常，充分木质化 |

# 附表三　常用绿化树种拉丁文检索表

| 序号 | 中文名 | 拉　丁　文 |
|---|---|---|
| 1 | 苏铁 | *Cycas revoluta* Thunb. |
| 2 | 雪松 | *cedrus deodara* (roxb)G Don |
| 3 | 白皮松 | *Pinus bungeana* Zucc. |
| 4 | 油松 | *Pinus tabulaeformis* Carr. |
| 5 | 侧柏 | *Platycladus orientalis*(L.) Franco. |
| 6 | 圆柏 | *Sabina chinensis*(L.) Ant. |
| 7 | 罗汉松 | *Podocarpus macrophyllus*(Thumb.). D. Don |
| 8 | 广玉兰 | *Magnolia grandiflora* L. |
| 9 | 樟树 | *Cinnomomum camphora* (L.) Presl. |
| 10 | 石楠 | *Photinia serrulata* Lindl. |
| 11 | 女贞 | *Ligustrum lucidum* Ait. |
| 12 | 桂花 | *Osmanthus fragrans* (Thunb.) Lour |
| 13 | 珊瑚树 | *Viburnum odoratissimum var. awabuki*(K. Koch.)Rumpl. |
| 14 | 棕榈 | *Trachycarpus fortunei*(Hook. F.)H. Wendl. |
| 15 | 银杏 | *Ginkgo biloba* L. |
| 16 | 金钱松 | *Pseudolarix amabilis* Rehd |
| 17 | 水杉 | *Metaseguoia glyptostroboides* Hu et cheng |
| 18 | 池杉 | *Taxadium as cendens* Brongn |
| 19 | 白玉兰 | *Magnolia denudata* Desr |
| 20 | 鹅掌楸 | *Liriodendron chinense* L. |
| 21 | 毛白杨 | *Populus tomentosa* Carr |

续附表三

| 序号 | 中文名 | 拉　丁　文 |
|---|---|---|
| 22 | 加拿大杨 | *Populus canadensis* Moench［*P. euramericana* (Dode) Guinier］ |
| 23 | 旱柳 | *Salix matsudana* Koidz |
| 24 | 垂柳 | *Salix babylonica* L. |
| 25 | 枫杨 | *Pterocarya stenoptera* DC. |
| 26 | 榆树 | *Ulmus pumila* L |
| 27 | 榉树 | *Zelkora schneideriana* Hand-Mazz |
| 28 | 悬铃木 | *Platanus hispanica* Muenchh. |
| 29 | 枫香 | *Liquidambar formosana* Hance. |
| 30 | 合欢 | *Albizia julibissin* Durazz. |
| 31 | 国槐 | *Sophora japonica* L. |
| 32 | 日本樱花 | *Prunus yedoensis* Matum |
| 33 | 红叶李 | *Pruus cerasifera var atropurpurea* Jacg |
| 34 | 桃花 | *Prunus persica* (C) Batsch |
| 35 | 梅花 | *Prunus mume Sieb et* Zucc |
| 36 | 香椿 | *Toona sinensis* (A. Juss) Roem |
| 37 | 喜树 | *Camplotheca acuminana* Decne |
| 38 | 栾树 | *Koelreuteria paniculata* Laxm. |
| 39 | 鸡爪槭 | *Acer palmatum* Thunb |
| 40 | 紫薇 | *Lagerstroemia indica* L. |
| 41 | 白花泡桐 | *Paulownia fortunei* (Seem) Hems/l |
| 42 | 楸树 | *Catalpa bungei* C. A. Mey |
| 43 | 含笑 | *Michelia figo* (Lour.) Spreng. |
| 44 | 山茶花 | *Camellia japonica* L. |
| 45 | 十大功劳 | *Mahomia fortunei* (Lindl.) Fedde. |

续附表三

| 序号 | 中文名 | 拉 丁 文 |
|---|---|---|
| 46 | 南天竹 | *Nandina domestica* Thunb |
| 47 | 红檵木 | *Loropetalum chinense* var. rubrum Yieh. |
| 48 | 大叶黄杨 | *Euonymus japionicus* Thunb. |
| 49 | 锦熟黄杨 | *Buxus sempervirens* L. |
| 50 | 月季 | *Rosa chinensis* Jaeg |
| 51 | 海桐 | *Pittosporum tobira* (Thunb) Ait |
| 52 | 八角金盘 | *Fatsia japonica Decne et* Planch. |
| 53 | 栀子花 | *Gardenina jasmnoides var fortuniana* (Lindl) Hara |
| 54 | 凤尾兰 | *Yucca glorisa* L. |
| 55 | 牡丹 | *Paeonia suffruticosa* Andr. |
| 56 | 绣球 | *Hydrangea macrophylla* (Thunb.) Seringe. |
| 57 | 蜡梅 | *Chimonanthus praecox* (L.) Link. |
| 58 | 紫玉兰 | *Magnoli liliflora* Desr. |
| 59 | 麻叶绣球 | *Spiraea canto niensis* Lour |
| 60 | 棣棠 | *Kerria japonia* (L.) DC. |
| 61 | 贴梗海棠 | *Chaenomeles speciosa* Nakai |
| 62 | 紫荆 | *Cercis chinensis* Bunge. |
| 63 | 紫丁香 | *Syringa oblata* Lindl. |
| 64 | 迎春花 | *Jasminum nudiflorum* Lindl |
| 65 | 小叶女贞 | *Ligustrum quihoui* Carr. |
| 66 | 石榴 | *Punica granatun* L. |
| 67 | 日本小檗 | *Berberis thunbergii* DC |
| 68 | 木槿 | *Hibiscus syriacus* L. |
| 69 | 木芙蓉 | *Hibiscus mutabilis* L. |
| 70 | 扶桑 | *Hibisus rosa-chensis cmensis* L. |

续附表三

| 序号 | 中文名 | 拉 丁 文 |
| --- | --- | --- |
| 71 | 杜鹃花 | *Rhododendron simsii* Planch. |
| 72 | 锦带花 | *Weigela florida* (Bunge.) A. DC |
| 73 | 金银花 | *Lonicera japonica* Thunb. |
| 74 | 紫藤 | *Wistaria sinensis* Sweet |
| 75 | 爬山虎 | *Parthenocissus tricuspidata* (Sieb. et Zucc.)Planch |
| 76 | 葡萄 | *Vitis vinifera* L. |
| 77 | 常春藤 | *Hedera nepalensis var sinensis* (Tobl.) Rehd. |
| 78 | 美国凌霄 | *Campsis radicans* (L.) Seem. |
| 79 | 孝顺竹 | *Bambusa multiplex* (Lour.) Raeuschel |
| 80 | 凤尾竹 | *Bambusa multiplex var. nana* (Roxb.) Keng. f. |
| 81 | 佛肚竹 | *Bambusa ventricosa* Mc Clure |
| 82 | 龟甲竹 | *Phyllostachys pubescens f. heterocycla* (Carr.) H. de Lehaie |
| 83 | 紫竹 | *Phyllostachys nigra* (Lodd.) Munro |

# 参考文献

[1]莫翼翔,等．实用园林苗木繁育技术．北京:中国农业出版社,2002.

[2]郑宴义．园林植物繁殖栽培实用新技术．北京:中国农业出版社,2006.

[3]张东林,等．园林苗圃育苗手册．北京:中国农业出版社,2003.

[4]房伟民,等．园林绿化观赏苗木繁育与栽培．北京:金盾出版社,2004.

[5]赵绍文．林木繁育实验技术．北京:中国林业出版社,2005.

[6]邓华平．林木容器育苗技术．北京:中国农业出版社,2008.

[7]蒋永明,翁智林．绿化苗木培育手册．上海:上海科学技术出版社,2005.

[8]卢学义．园林树种育苗技术．沈阳:辽宁科学技术出版社,2002.

[9]梁一池,董建文．绿化苗木培育新技术．福州:福建科学技术出版社,2002.

[10]高光民,Guido Kuchelmeister, 等．苗圃林果苗木繁育．北京:中国林业出版社,2000.

[11]龚学堃,耿玲悦,柳振亮．园林苗圃学．北京:中国建筑工业出版社,1995.

[12]高润清．园林树木学．北京：气象出版社，2001.